虚拟现实
基础与实战

谭杰夫　钟　正　　姚勇芳　主　编
遇　实　胡　鹏　　李牧什　副主编

化学工业出版社

·北京·

本书由浅入深，全面介绍了VR的发展历程、用户终端、关键技术、内容生成、行业应用、与增强现实的关系以及企业案例。精彩案例融入了作者丰富的设计经验和教学心得，旨在帮助读者全方位了解行业规范、设计原则和表现手法，提高实战能力，以灵活应对不同的工作需求。整个学习流程联系紧密，环环相扣，一气呵成，让读者在轻松的学习过程中享受成功的乐趣。

本书适合作为高等院校计算机及电子信息类专业、数字媒体技术和教育技术学专业学生的教材，也可作为从事虚拟现实技术的工程技术人员以及虚拟现实技术爱好者的参考教材。

图书在版编目（CIP）数据

虚拟现实基础与实战/谭杰夫，钟正，姚勇芳主编．
北京：化学工业出版社，2018.5（2024.2 重印）
ISBN 978-7-122-31784-1

Ⅰ．①虚…　Ⅱ．①谭…②钟…③姚…　Ⅲ．①虚拟
现实　Ⅳ．①TP391.98

中国版本图书馆CIP数据核字（2018）第052985号

责任编辑：刘　哲　　　　　　　　　　　　装帧设计：王晓宇
责任校对：边　涛

出版发行：化学工业出版社（北京市东城区青年湖南街13号　邮政编码100011）
印　　装：北京印刷集团有限责任公司
787mm×1092mm　1/16　印张12½　字数307千字　2024年2月北京第1版第4次印刷

购书咨询：010-64518888　　　　　　　　　售后服务：010-64518899
网　　址：http://www.cip.com.cn
凡购买本书，如有缺损质量问题，本社销售中心负责调换。

定　　价：59.00元　　　　　　　　　　　　　　版权所有　违者必究

本书编委会

主　任　李牧什

委　员（按照姓名汉语拼音排序）

高　宇　郝　伟　郝　震　胡　鹏

李牧什　刘　骁　孟繁宇　谭杰夫

谭贻国　田　蒙　王雪晶　徐　冰

杨丹宁　杨　涛　姚勇芳　遇　实

钟　艺　钟　正　Louis Q. Li

本书编写人员

主　编　谭杰夫　钟　正　姚勇芳

副主编　遇　实　胡　鹏　李牧什

前言
FOREWORD

在2016年9月杭州G20杭州峰会上，许多专家、科技预测机构和IT大公司认为VR将成为下一代计算平台和互联网的新入口及交互环境，从而给许多行业、互联网应用和大众生活带来颠覆性影响。因此，许多媒体将2016年称为VR产业元年。作为一项可能的颠覆性技术，VR+已成为发展趋势，产业前景无限。

VR应用集中体现了计算机技术、多媒体技术、系统仿真技术、传感技术、显示技术、人机接口技术、人工智能技术、人体工程学和人机交互理论等多种高新技术的最新成果。自2013年以来，许多IT大公司将目光转向VR，通过推出创新产品或收购VR公司等方式，布局VR业务，展开抢占产业制高点的激烈竞争。目前VR正在向国防军事、航空航天、装备制造、智慧城市、医疗健康、公共安全、教育文化、旅游商务、全景直播等许多行业领域渗透，逐渐成为各行业发展的新的信息支撑平台，将对各行业产生颠覆性影响，推动其实现升级换代式发展。

作为一项可能的颠覆性技术，VR突破主要体现在以下六个方面：（1）突破目前以2D为主的显示，实现3D以及未来的真三维显示；（2）突破目前屏幕物理尺寸的局限，实现全景显示和体验；（3）突破键盘、鼠标人机交互方式，实现手眼协调的人机自然交互；（4）突破时空界限，把用户带入未来或过去的时空环境；（5）取代现有互联网邮件系统为主的通讯交互方式，成为互联网的新入口和人际交互环境；（6）未来异地网友社交可以选择在所喜欢的虚拟环境进行面对面交流。

VR技术可能的颠覆性，会对未来产生六个方面的影响：（1）继个人电脑、智能手机之后，出现VR这一新的计算平台与环境；（2）VR将成为各行业发展的新的信息技术支撑平台，VR+成为发展趋势，相关行业将得到升级换代式发展；（3）VR成为互联网未来的新入口与人际交互环境；（4）VR成为未来的媒体形态；（5）人所感知的世界将成为人难以区分的真实和虚拟两个世界，或者虚实混合的新世界，出现大众消费的新领域；（6）VR将带来新的发展思维和技术途径。

为帮助大家理解和掌握VR与移动AR的基础知识，本书从理论到实例都进行了较详尽的叙述，内容由浅入深，全面覆盖了VR/AR的基础知识、使用方法及其在相关行业中的应用技术。精彩案例融入了作者丰富的设计经验和教学心得，旨在帮助读者全方位了解行业规范、设计原则和表现手法，提高实战能力，以灵活应对不同的工作需求。整个学习流程联系紧密，环环相扣，一气呵成，让读者在轻松的学习过程中享受成功的乐趣。

在教学安排上，建议本教材理论讲授36学时，实验课时36学时，学生课后实习30学时。建议第1章虚拟现实的发展讲授2小时；第2章什么是虚拟现实讲授2学时；第3章虚拟现实的用户终端讲授2学时，实验2学时；第4章虚拟现实的关键技术讲授10学时，实验12学时；第5章虚拟现实的内容讲授10学时，实验12学时；第6章虚拟现实的行业应用讲授2学时，实验2学时；第7章虚拟现实与增强现实的关系讲授4学时，实验2学时；第8章虚拟现实的企业案例讲授4学时，实验6学时。

本书是在大众创业、万众创新的大时代背景之下诞生的，由姚勇芳（曾任魔眼科技有限公司虚拟现实事业部CEO和华为公司总裁办英文主编）组织编写。全书共8章，分历史篇、技术篇和案例篇三大部分。姚勇芳搭建了全书的架构并编写了第1章；第2～7章由钟正编写；第5、6章的案例部分和第8章由中国航空华航文化总经理遇实、虚拟现实中心主任胡鹏和华创云科光和空间总经理李牧什编写；姚从洲、牛牧君参与全书的校对、审核、案例补充和数据提供。全书由钟正统稿。在编写过程中，得到了华中师范大学国家数字化学习工程技术研究中心老师的关心和帮助，也得到了兄弟院校同仁的热情帮助和支持，同时得到深圳市虚拟现实产业联合会执行会长谭贻国的鼎力支持，在此表示最诚挚的谢意。

书中若存在不足，恳请读者批评指正。

编　者

2017 年 12 月于桂子山

目录
CONTENTS

01 Chapter

第1章

**虚拟现实
的发展**

/ 001

02 Chapter

第2章

**什么是
虚拟现实**

/ 025

03 Chapter

第3章

**虚拟现实的
用户终端**

/ 045

目录
CONTENTS

第7章 07 Chapter

虚拟现实
与增强现
实的关系

154

第8章 08 Chapter

虚拟现实的
企业案例

176

附录

全国主要虚
拟现实行业
组织介绍

188

Chapter 01

第1章

虚拟现实的发展

1.1 虚拟现实的历史

1.1.1 虚拟现实的起源（1929—1973 欲知大道，必先为史）

清末启蒙思想家龚自珍有一句名言："欲知大道，必先为史"。在人类社会发展的诸多"道"中，科技创新是硬道理，是改变生活的利器，是复兴中国、实现中国梦的大道之道。

这八个大字的至理名言，深刻地道明了"大道"与"史"的关系，换而言之，欲掌握科学和技术的发展"大道"，向历史巡礼是个必要条件。如果我们知道"我们从哪里来"，我们就能知道"我们到哪里去"。虚拟现实技术的发展和掌握亦是如此。

虚拟现实技术从VR的概念产生到产品雏形的出现，从Occulus的DK1版本的横空出世到C1版本的稳定体验，最终引发游戏玩家的兴趣以及关注和青睐，经历了以下几个里程碑阶段。

1929年，Link E.A.发明了一种飞行模拟器，使乘坐者实现了对飞行的一种感觉体验。可以说这是人类模拟仿真物理现实的初次尝试。其后，随着控制技术的不断发展，各种仿真模拟器陆续问世。

1935年，小说家Stanley G. Weinbaum写了一部小说，而这部小说就是以眼镜为基础，涉及视觉、嗅觉、触觉等全方位沉浸式体验的虚拟现实概念，被认为是首次提出虚拟现实的概念。

1956年，Heileg M.开发了一个摩托车仿真器Sensorama，具有三维显示及立体声效果，并能产生振动感觉。他在1962年的"Sensorama Simulator"专利已具有一定的VR技术的思想。

1957年，电影摄影师Morton Heiling发明了名为Sensorama的仿真模拟器，并在5年后为这项技术申请了专利。这款设备通过三面显示屏来实现空间感。从本质上来说，Sensorama只是一款简单的3D显示工具，它不仅无比巨大，用户需要坐在椅子上将头探进设备内部，

图1-1　Sensorama仿真模拟器

才能体验到沉浸感（图1-1，来源：搜狐网）。

电子计算技术的发展和计算机的小型化，推动了仿真技术的发展，逐步形成了计算机仿真科学技术学科。

1965年，计算机图形学的重要奠基人Sutherland博士发表了一篇短文"The ultimate display"，以其敏锐的洞察力和丰富的想象力描绘了一种新的显示技术。他设想在这种显示技术支持下，观察者可以直接沉浸在计算机控制的虚拟环境之中，就如同日常生活在真实世界一样。同时，观察者还能以自然的方式与虚拟环境中的对象进行交互，如触摸感知和控制虚拟对象等。Sutherland的文章从计算机显示和人机交互的角度提出了模拟现实世界的思想，推动了计算机图形图像技术的发展，并启发了头盔显示器、数据手套等新型人机交互设备的研究。

1966年，Sutherland I. E.等开始研制头盔式显示器，随后又将模拟力和触觉的反馈装置加入到系统中。

1973年，Krueger M. 提出了"Artificial Reality"一词，这是早期出现的VR词语。由于受计算机技术本身发展的限制，总体上说20世纪60～70年代这一方向的技术发展不是很快，处于思想、概念和技术的酝酿形成阶段。

1.1.2　虚拟现实的火种（1984—1989　Virtual Reality产品命名）

1984年，VPL Research公司开发了虚拟现实设备，但造价不菲，将近5万美元（图1-2，来源：凤凰网）。

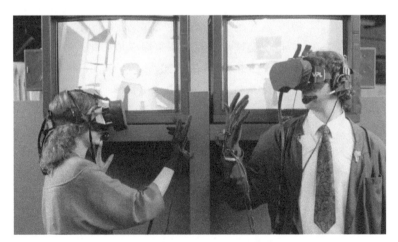

图1-2　VPL Research虚拟现实设备

1985年，美国宇航局NASA研发出一款头戴式的虚拟现实设备，用于模拟太空环境，对宇航员进行训练，使宇航员能够在太空中更好地工作。"20世纪90年代初，美国率先将虚拟现实技术用于军事领域，可以说军事应用是推动虚拟现实技术发展的源动力。直到现在，军事应用依然是虚拟现实技术的最大应用领域。"（图1-3，来源：凤凰网）

除了军方使用之外，不少公司都在虚拟现实领域投入了资本和研发，但是因为价格昂

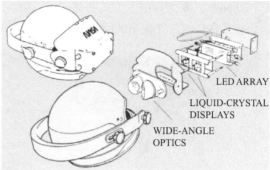

图1-3　NASA：VIVED VR

贵，或用户体验差等原因，制造出的产品都没有在市场上掀起太大的风浪。所以"虚拟现实"这个词一直以来对大众都比较陌生。

1987年，一位著名计算机科学家Jaron Lanier，利用各种组件"拼凑"出第一款真正投放市场的VR商业产品。这款VR头盔看起来有点像Oculus，但10万美元的天价却阻碍了其普及之路。

1.1.3　虚拟现实的发展（1990—2015　Facebook的豪赌Oculus）

从创世纪的伊甸园到古巴比伦的空中花园，都反映了人们对于超然现实的追求。而如今随着科技的进步，人们也越来越有能力将想象中的理想国以更逼真的效果展现在面前。而虚拟现实技术，也伴随着科技进步和人类对于再造梦境的渴求而逐步发展起来（图1-4）。

在再造梦境的过程中，人类不断完善对世界的认知和对自身的认知，对虚拟现实也有了更深的认识。

1993年，游戏公司"世嘉"专为游戏打造了虚拟现实设备，还参加了当年的CES展会。该公司还专门推出了几款游戏，可惜反响并不热烈（图1-5，来源：凤凰网）。

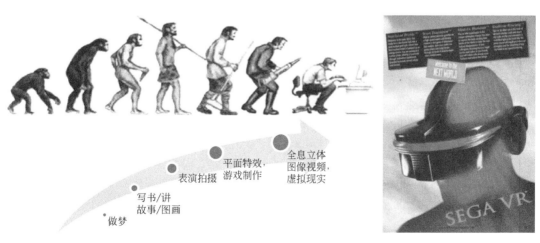

图1-4　人类对于现实再造的技术进步　　　　　　　　　图1-5　VR头盔

1995年，任天堂也曾推出过自己的VR设备，但因为像素低，没有头部追踪的功能，最终也夭折（图1-6，来源：凤凰网）。

2006年，东芝推出了大头盔显示器。但是这个头盔重量足足有5斤多，最终也没有能脱颖而出。估计这款在使用的时候也得吊在房顶上（图1-7，来源：凤凰网）。

图1-6 Virtual Boy

图1-7 东芝大头盔显示器

当然，这些产品只是当时众多VR产品的一部分。不难看出，人们对VR的研发虽然道路坎坷，但却一直没有中断，这也为如今的VR技术研发打下了基础。随着电脑运算能力和相关技术的不断提高，VR行业如今又踏上了一个新的台阶，并且知名度已经在大众之间传播开来，资本市场更是趋之若鹜。

图1-8 Facebook收购Oculus Rift头戴虚拟设备

2014年3月26日，据国外媒体报道，Facebook宣布与沉浸式虚拟现实技术的领头羊Oculus VR公司达成了最终协议，将以近20亿美元的价格收购Oculus VR公司（图1-8）。

Oculus首席科学家Mike Abrash在Facebook开发者大会上提出，人类也许只是一颗外接着多重感应器的CPU。对于"什么是真实"，他放出了电影《黑客帝国》的经典台词：如果你指的是你能感觉到的，你能闻到的，你能尝到的和看到的，那么"真实"只是你的大脑所编译的电子信号罢了。虚拟现实正是基于此原理，通过科技手段将周边环境进行再造。

虚拟现实从梦想真正落实到技术研发的历史，几乎可以与电子计算机的历史相比肩。

该技术从1956年美国人Morton Heilig发明"全传感仿真器"揭开帷幕，并在20世纪70年代从实验室走向实用阶段，而在90年代真正开始受到人们关注。2012年，Oculus在美国众筹网站Kickstarter惊艳亮相，才正式标志着虚拟现实产业向消费级产品市场渗透。尽管Oculus五六百美元左右的预期售价，比工业化虚拟现实产品设备已经廉价不少，但仍存在一定的价格壁垒，另外，消费者正式版本迟迟未能发布，也成为虚拟现实消费级产品的行业之痛。Google Cardboard通过简单的光学原理和廉价的凹凸镜构造，加之智能手机的搭载，提供了另一种可行之道，一时打开了消费级VR产品的市场。不久，会有一大批包括Oculus Rift在内的虚拟现实设备投产，VR产业将迎来消费级产品的盛宴时代。

综上所述，虚拟现实技术发展历程如表1-1所示。

表1-1　虚拟现实技术发展阶段

探索期 （20世纪 50～70年代）	1956年	Morton Heilig发明"全传感仿真器"
	1965年	Sutherland提出了"终极显示"的概念
	1966年	Sutherland在使用者眼睛前绑上两个CRT显示器
	1973年	Evans和Sutherland成功研制出早期的图形场景生成器
实践期（20世纪 80年代初期～ 80年代中期）	80年代早期	美国军方开展了大量有关"飞行头盔"和军用现代仿真器的研究
	1981年	NASA的科学家生成了一个基于液晶显示器的HMD原型，命名为 "虚拟现实环境显示器-VIVED"
	1985年后	Scott Fisher把新型的传感手套集成到仿真器中
高速发展期 （90年代至今）	1996年10月	世界第一个虚拟现实技术博览会在伦敦开幕
	1996年12月	世界第一个虚拟现实环球网在英国投入运行
	2012年	Oculus Rift在众筹网站Kickstarter惊艳亮相，开启民用VR设备浪潮
	2014年3月	索尼宣布将开发一款PS4的附属VR设备，暂命名为Project Morpheus， 后改名为PlayStation VR
	2014年6月	Google出版了VR手机架Cardboard制作说明书
	2014年12月	三星Gear VR发售

虚拟现实技术的实现分为两步：第一，将人类的视觉、听觉乃至嗅觉与现实环境隔绝蒙蔽；第二，再造感官，通过计算机产生人为虚拟的环境，从而使用户产生一种沉浸于虚拟环境的感觉。

虚拟现实技术中最关键的特征是沉浸感（immersion）或临场参与感。另外，它还具有交互性（interaction）和想象性（imagination）。沉浸感是虚拟现实技术区别于其他体验的最关键特征。而按照沉浸的完全程度及技术复杂程度，虚拟现实系统分为四类，即桌面式VR系统（Desktop VR）、沉浸式VR系统（Immersive VR）、增强式VR系统（Augmented VR）和分布式VR系统（Distributed VR）。其中由于沉浸式VR系统对于VR场景的展示效果好，研发成本较低，易于作为消费级娱乐设备进行推广，是距离当前时间最近有可能在家庭消费层级爆发的VR系统产品。

虚拟现实技术主要分为以下四类。

（1）桌面虚拟现实

桌面虚拟现实利用个人计算机和低级工作站进行仿真，将计算机的屏幕作为用户观察虚拟境界的一个窗口。通过各种输入设备实现与虚拟现实世界的充分交互，这些外部设备包括鼠标、追踪球、力矩球等。它要求参与者使用输入设备，通过计算机屏幕观察360°范围内的虚拟境界，并操纵其中的物体，但这时参与者缺少完全的沉浸，因为它仍然会受到周围现实环境的干扰。桌面虚拟现实最大特点是缺乏真实的现实体验，但是成本也相对较低，因而应用比较广泛。常见的桌面虚拟现实技术有基于静态图像的虚拟现实QuickTime VR、虚拟现实造型语言VRML、桌面三维虚拟现实、MUD等。

（2）沉浸的虚拟现实

高级虚拟现实系统提供完全沉浸的体验，使用户有一种置身于虚拟境界之中的感觉。它利用头盔式显示器（图1-8）或其他设备，把参与者的视觉、听觉和其他感觉封闭起来，提供一个新的、虚拟的感觉空间，并利用位置跟踪器、数据手套、其他手控输入设备、声音等，使得参与者产生一种身临其境、全心投入和沉浸其中的感觉。常见的沉浸式系统有基于头盔式显示器的系统、投影式虚拟现实系统、远程存在系统等。

（3）增强现实性的虚拟现实

增强现实性的虚拟现实不仅利用虚拟现实技术来模拟现实世界、仿真现实世界，而且要利用它来增强参与者对真实环境的感受，也就是增强现实中无法感知或不方便的感受。典型的实例是战机飞行员的平视显示器，它可以将仪表读数和武器瞄准数据投射到安装在飞行员面前的穿透式屏幕上，使飞行员不必低头读座舱中仪表的数据，从而可集中精力盯着敌人的飞机或导航偏差。

（4）分布式虚拟现实

如果多个用户通过计算机网络连接在一起，同时参加一个虚拟空间，共同体验虚拟经历，那么虚拟现实则提升到了一个更高的境界，这就是分布式虚拟现实系统。在分布式虚拟现实系统中，多个用户可通过网络对同一虚拟世界进行观察和操作，以达到协同工作的目的。目前最典型的分布式虚拟现实系统是SIMNET。SIMNET由坦克仿真器通过网络连接而成，用于部队的联合训练。通过SIMNET，位于德国的仿真器可以和位于美国的仿真器一样运行在同一个虚拟世界，参与同一场作战演习。

虚拟现实消费级产品以头戴式为主，目前主要分为两类，即具有高技术专利门槛以及高性能配置的沉浸式头盔，以及开发简易低售价的沉浸式手机架。头盔式产品以Oculus Rift产品为代表，在设备中结合一系列显示技术及视频深度转化优化引擎，提高逼真的效果。而手机架产品，则是用非常简易和粗糙的材料制作的一个头戴式设备，基本上可以被看做是手机的头戴支架和增强显示。手机架产品目前最大的产品痛点，为如何使用简单低廉的产品营造出更好的沉浸感。利用手机作为最终的处理终端，在运算能力和影音表现上无法做到尽善尽美。反观沉浸式头盔设备，虽然通过内置显示及影音终端较好地解决了适配的问题，但是由于设备技术复杂，制造成本高，容易晕眩而难以长时间佩戴。

产业信息网发布的《2015—2022年中国多媒体展览展示市场运行态势与投资前景评估报告》显示，在手机架市场，由于成本低廉，模仿简便，很少有脱颖而出的有力竞争者。暴风科技旗下的暴风魔镜，凭借其高性价比和不断建设的娱乐内容储备，在国内的手机架市场脱颖而出。而在只闻其声未见其形的头盔显示器市场，凭借着各种模型及开发者版本，已经呈现出一"超"三"强"的竞争格局：一超指的是Oculus Rift，三强是SONY Play Station VR、HTC Vive以及Avegant Glyph。国内市场上也有蚁视、灵镜、3Glasses等参与者。

虚拟现实技术产品分类如表1-2所示。

表1-2　虚拟现实技术产品分类

类别	厂家	最新产品	售价/元	上市时间	适配设备	其他特色
沉浸式头盔	Oculus	Oculus Rift	¥2400（预计）	2016年一季度	PC	游戏为主，支持360度听觉

类别	厂家	最新产品	售价/元	上市时间	适配设备	其他特色
沉浸式头盔	（Facebook）索尼	PlayStation VR	¥2800	2016年二季度	PS4	PS平台游戏
	HTC & Valve	Vive	未知	2016年一季度	PC	游戏，位置追踪更完善，可以在屋内行走
	蚁视	ANTVR HEADSET	¥1499	已上市	PC、PS适配	
	Avegant（联络互动入股）	Glyph	¥3700	2015年三季度	HDMI连接，各种设备	全球首款虚拟现实视网膜眼镜
	灵镜（联众入股）	灵镜小黑	众筹中	研发中	一体机	
	3Glasses	D2开拓者	¥2199	2015年	PC	
沉浸式手机架	三星	Gear VR	¥1200	已上市	三星最新手机系列	采用Oculus技术率先推出TempleRun热门游戏
	谷歌	Cardboard	¥12	已上市	手机	最便宜
	卡尔蔡司	VR One	¥999	已上市	iPhone6，S5	3D电影，游戏
	蚁视	机餐TAW	¥149	已上市	手机	3D电影，游戏
	暴风	暴风魔镜3	¥99	已上市	手机	3D电影，游戏
	灵镜	灵镜小白	¥199	已上市	手机	3D电影，游戏
	睿悦	梦境Nibiru	¥169	已上市	手机	3D电影，游戏
	Virglass格拉斯	幻影	¥399	已上市	手机	3D电影，游戏

1.1.4 虚拟现实的元年 中国市场的介入，技术创新与市场推动

2016年，一般被业界人士称之为虚拟现实元年。这一年，中国市场上VR创业公司雨后春笋般大量涌现。

市场研究公司Niko Partners估计，移动虚拟现实头显是当之无愧的领头羊（按销量计算）。和西方相比，虚拟现实在中国更受青睐，中国消费者显示出购买虚拟现实设备或体验的意愿，而西方消费者则对虚拟现实的兴趣要小得多。

在VR元年，国产的VR设备（图1-9）越来越多，暴风魔镜4代、乐视超级头盔（图1-10）、大朋VR等产品纷纷推出，抢占中国VR市场。

相关的报告显示，中国虚拟现实（VR）市场越来越热，预计2020年，中国虚拟现实市场规模将达到85亿美元。目前中国虚拟现实市场迎来了一批又一批的投资、合作，并

图1-9 VR设备

涌现了大量的新企业，这些新企业还吸引了国内外合作伙伴的参与。由于拥有低成本、大规模生产、火热的投资环境以及国际合作伙伴的支持等优势，中国或将成为全球虚拟现实市场增长的中心。

（1）虚拟现实作为中国市场的新媒介，将促进创新，并推动中国未来市场的发展

头戴式显示设备曾经是国际虚拟现实业务发展的一片真空地带，而此真空已被越来越多的企业所填补，其中多数企业主要关注移动和独立的头戴式显示设备（图1-11）。在中国市场，已经涌现了100多种不同类型的虚拟现实头盔，不过，相比较谷歌的Cardboard产品，中国的多数虚拟现实设备还是针对低端市场。

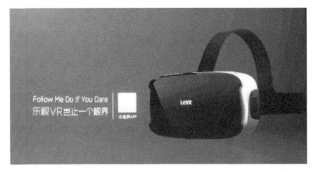

图1-10　乐视VR

图1-11　头戴式VR

中国市场上早期的头戴式显示设备制造商主要包括3Glasses、大朋DeePoon以及暴风魔镜等。

从中国虚拟现实头盔制造商的发展势头以及他们根据市场反馈而迅速作出调整的情况来看，这些制造商完全有可能会在移动虚拟现实领域领先世界。例如，暴风魔镜公司正在研发第五代头戴式显示设备。一些大品牌商——中兴通讯、华为等公司也都通过各自的虚拟现实头盔参与到此领域的角逐之中。

（2）随着硬件市场的崛起，中国市场最需要的是具有吸引力的内容

尽管中国最大的一些科技公司仍未推出头戴式显示设备，但是，这些公司都制订了虚拟现实相关的计划。他们已经开放了平台，并为中国的虚拟现实初创企业提供种子基金，特别是针对内容制造商。

像百度等公司的旗下视频部门也在与虚拟现实内容制造商合作，并投资虚拟现实电影、电视和游戏等内容。

（3）国际市场的努力措施也在推动内容市场的发展

据称，有500家初创企业将投资中国早期阶段的20家虚拟现实内容制作公司。例如，上海东方传媒（SMG）就与美国虚拟现实公司Jaunt合作，成立了Jaunt中国公司，并计划在未来两年内推出500部高质量的内容产品。

（4）中国虚拟现实市场的另一创收机遇领域，是户外和基于位置的娱乐服务

"虚拟现实商店"，例如大型购物中心里的虚拟现实过山车体验价格只有6美元，已经在中国多个地方存在。因为高端基于PC的虚拟现实体验还无法投放到中国的多数地区，因此，户外体验则为普通消费者提供了高品质的虚拟现实内容，他们通过网吧、商场或其他商业中心以及主题公园就能够体验这种服务。

来自台湾地区的宏达电（HTC）近期宣布，将与中国电子产品零售商苏宁和国美等合作，在中国内地开设1万多家户外虚拟现实体验店。

除此之外，位于洛杉矶的美国虚拟现实公司 SPACES 与宋城演艺发展股份有限公司达成合作协议，联手成立合资公司，拟将虚拟现实投放到宋城公司旗下的主题公园之中，而且还将在中国市场推出独立的虚拟现实主题公园。

事实上，在中国市场，已经有多家合资公司推进了蓬勃发展的虚拟现实户外市场，并提升了普通消费者的认知度。

随着虚拟现实平台和户外体验的发展，毫无疑问，大型内容制造商进军中国虚拟现实市场也迎来了最好的时机。

国际市场上，虚拟现实四大一线品牌的公司，即 Facebook 收购的 Oculus Rift、索尼的 PS VR、三星的手机 VR 以及中国台湾的 HTC Vive 均具有良好的影音体验，代表着各自领域的虚拟现实消费级产品的最新技术水平。图 1-12 ～图 1-15 为 4 个公司的部分产品。

图 1-12　Oculus Rift

图 1-13　索尼的 PS VR

图 1-14　三星手机 VR

图 1-15　HTC Vive

Gartner 将所有科技的发展进程归纳成了 5 个阶段，即创新驱动期（Innovation Trigger）、展望膨胀期（Peak of Inflated Expectation）、幻想破灭期（Trough of Disillusionment）、启迪演进期（Slope of Enlightenment）以及高速量产期（Plateau of Productivity）。而据其 2014 年的展望，目前虚拟现实技术正处于启迪演进期，通过其不断完善的技术，真正开始量产设备并丰富内容，还会有至少 5 ～ 10 年的发展才会达到顶峰。

苹果、高通、微软、英特尔、AMD 等发力 VR 领域，无论是 VR 一体机还是 PC VR，均反映了 VR 变现时代已经来临。而更重要的是，这说明 VR 已经被大众所接受，不再是一个新鲜词。

虚拟现实并非新鲜事物，但其通过 Oculus Rift 等头盔显示器产品的推出，向消费级市场渗透，令其在未来几年将真正展现出巨大的行业产值增长潜力。根据 Business Intelligence 的预测（图 1-16），虚拟现实硬件产品在 2018 ～ 2020 年将形成一个集中的爆发期，头盔式设备年复合增长率达到 99%，到 2020 年全球虚拟现实头盔出货量将达到 2500 万台。以均价 300 美元计算，光硬件头盔设备的产值就将达到 750 亿美元。

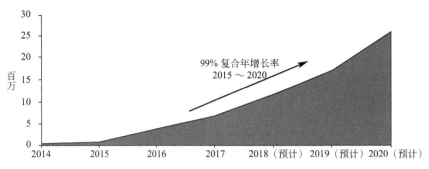

图1-16　2014～2020年全球虚拟现实头盔出货量

（数据来源：Business Intelligence）

在硬件端产业发展的同时，内容产业，特别是虚拟现实娱乐内容的产业，也将得到巨大的发展潜能。

根据Digi-Capital的最新报告（图1-17），2020年全球增强显示技术与虚拟现实技术的市场总规模将达到1500亿美元，年复合增长率超过130%。

图1-17　2016～2020年虚拟现实/增强现实产值预测

（数据来源：Digi-Capital）

虚拟现实平台在不同领域内的推进如图1-18所示。

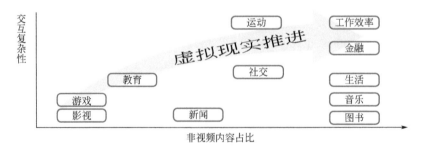

图1-18　虚拟现实平台

从国内市场来看，iiMedia Research数据显示，2015年中国虚拟现实行业市场规模为15.4亿元，2020年市场规模预计将超过550亿元。中国VR市场越来越热，但绝大多数是低端产品，随着硬件市场的崛起，中国市场最需要的是具有吸引力的内容，创新升级的空间仍然很大。

1.2 虚拟现实的现在

1.2.1 虚拟现实的产业生态

娱乐是人类的天性，游戏是虚拟现实的第一个突破口和应用场景。游戏类的衍生产品，如影院、跑步机、摄影、主题公园、实战演练、样板间、心理学……虚拟现实场景已经横跨众多领域。虚拟现实的生态正在形成和完善，包括头显的硬件、游戏的内容、如Steam那样的平台、虚拟现实的体验店、分发渠道、垂直应用等，虚拟现实（VR）产业市场规模有望超300亿美元。

在这片巨大的蓝海市场中，不仅需要巨头提供平台和资源，也需要众多的垂直性公司提供专业性的产品和服务。在资本热度不断升温的推动下，不仅腾讯、联想、华为、阿里巴巴、京东等巨头争相入局，创业者们也摩拳擦掌，试图抓住智能物联时代VR产业跨越性的发展机会。

下面对国内外的VR产业上下游生态进行梳理。

（1） oculus Oculus

傲库路思（Oculus VR，或称Oculus）是美国虚拟实境科技公司，由帕尔默·拉奇与布伦丹·艾瑞比（Brendan Iribe）成立。他们的首件产品Oculus Rift是一款逼真的虚拟实境头戴式显示器，目前已经在市面上销售。Facebook于2014年3月以20亿美元现金及Facebook股票收购了Oculus VR。

（2） VIVE HTC VIVE

HTC Vive是一款虚拟现实头戴式显示器，由宏达国际电子（HTC）和维尔福公司（Valve Corporation）共同开发，发布于2016年4月5日。它也是维尔福公司Steam VR项目的一部分。这款头戴式显示器的设计利用"房间规模"的技术，通过传感器把一个房间变成三维空间，在虚拟世界中允许用户自然地导航，能四处走动，并使用运动跟踪的手持控制器来生动地操纵物体的能力，有精密的互动、交流和沉浸式环境的体验。

（3） PlayStation.VR PlayStation VR

PlayStation VR（简称"PS VR"，项目代号"Project Morpheus"，有译墨菲斯计划）是索尼互动娱乐研发的虚拟现实头戴式显示器。PlayStation VR是索尼专门为PlayStation 4电视游戏主机制作的虚拟现实设备，因此需要PlayStation 4进行图像运算和输出。此外，一般的PlayStation VR游戏也需要DualShock 4或PlayStation Move控制器以及PlayStation Camera等外设进行游戏。

（4） Microsoft HoloLens Microsoft HoloLens

Microsoft HoloLens是Windows Holographic使用的主要设备。HoloLens是一个Windows 10的智能眼镜产品。它采用先进的传感器、高清晰度3D光学头置式全角度透镜显示器以及环绕音效。它允许在增强现实中用户界面可以与用户透过眼神、语音和手势互相交流，其开发代号为"Project Baraboo"。

（5） Pico

Pico小鸟看看科技是一家专注于虚拟现实的科技公司，核心团队持续致力于虚拟现实软硬件研发、虚拟现实内容及应用打造，覆盖 Virtual Reality 上下游，为消费者提供从端到端的产品与服务全体验。Pico不断探索光学技术、影像算法、沉浸式体验研究等虚拟现实相关领域，并将工业设计与人体工程学思考作为产品的标准，力图在此基础上，构建健康的虚拟现实生态系统。

（6） 大朋VR

上海乐相科技有限公司（大朋VR）是虚拟现实互联网企业，拥有强大的研发团队和独家核心技术专利，产品包括VR一体机、VR头盔等。大朋VR还拥有泛娱乐VR内容聚合平台3D播播，拥有海量的VR及3D影视资源，是实现VR头显硬件和内容平台全产品线覆盖的VR企业。投资方包括迅雷、恺英网络、奥飞动漫等。

（7）HYPEREAL HYPEREAL

HYPEREAL是拥有自主研发的SDK、定位系统、硬件设备以及内容运营的全栈VR科技公司。2017年3月发布自主研发虚拟现实系统HYPEREAL Pano。HYPEREAL坚持以技术为驱动，同时建立完整生态，打造理想中的虚拟现实产品。

（8）3Glasses 3 Glasses

3Glasses是深圳市虚拟现实集团主品牌，也是深圳市虚拟现实集团简称。3Glasses是国家高新技术企业，曾推出中国第一款（全球第二款）虚拟现实头盔，微软中国区唯一VR头盔合作伙伴。旗下产品包括VR软硬件平台（3Glasses头盔、3wand交互套件）、VRSHOW内容服务平台、VR开发者平台（VR SDK）等。

（9） 魔眼科技

深圳市魔眼科技有限公司是专业从事3D全息显示整体解决方案及VR、AR科技领域产品和服务的公司。公司致力将3D全息和VR、AR技术拓展至教育、医疗、商业、游戏、旅游、驾驶、考古、采矿和建筑等领域，孵化更多世界级的中国原创电子信息产品和服务，构建并完善3D全息生态系统，VR、AR开放式应用系统平台和商业引擎，逐步实现从3D全息行业的开拓者、实践者向AR行业领导者的蜕变。

（10）ANTVR蚁视 蚁视

北京蚁视科技有限公司专注于穿戴式设备、虚拟现实、增强现实、立体视觉领域。蚁视具有全球领先的穿戴式显示及虚拟现实技术，自主研发了全球首款虚拟现实套装ANTVR

KIT。ANTVR KIT的头盔部分能带来无变形的沉浸式虚拟现实体验，控制器可变为多种形态，如体感枪、控制棒、传统手柄、方向盘等。ANTVR KIT全面兼容PC、XBOX、PS、BLU-RAY和ANDROID等平台，可以应用于所有2D、3D的游戏和电影。

（11） 酷开VR

酷开VR，酷开VR一体机随意门的简称。酷开VR一体机随意门是创维集团旗下酷开公司开发的一款头戴式VR设备（VR一体机）产品，目前包括随意门G1和随意门G1s两种型号，分别搭载高通骁龙820和821平台等众多高端新配置，被业内认为是虚拟现实元年的收官之作。便捷的佩戴方式和演示技术，使得酷开VR一体机一经上市便被应用在教育、旅游、房产等诸多领域。

（12）IDEALENS IDEALENS

IDEALENS集虚拟现实设备、系统平台、内容为一体。2015年7月推出全球首款量产的VR一体机IDEALENS K1；2016年6月在东京发布VR一体机IDEALENS K2。超过十六年的技术研究与产品开发经验，从事硬件设计、软件开发、交互设计、光学结构、3D建模、超级光学、位置跟踪、系统交互等研究。有10+项技术创新、60+项专利等。坚守Think Big，Do Great的信念，想要改变未来世界的生活方式。

（13）科大讯飞 科大讯飞

科大讯飞股份有限公司（IFLYTEK CO.，LTD.），前身为安徽中科大讯飞信息科技有限公司，专业从事智能语音及语言技术研究、软件及芯片产品开发、语音信息服务及电子政务系统集成，拥有灵犀语音助手、讯飞输入法等优秀产品。

（14）网龙华渔教育 网龙华渔教育

网龙华渔教育由网龙网络控股有限公司控股。网龙华渔教育秉承中国互联网+教育的时代使命和革新理念，以领先的移动互联网技术，结合全球顶尖教育资源，致力于在线教育布局和全球华人的终身教育事业。网龙华渔教育在K12领域倾力打造"智能硬件+开放平台+专业软件"的铁人三项，旨在构建多元、开放、可持续的智慧教育生态圈，为学校提供系统多样化的K12教学解决方案和人人通平台服务。

（15） 微视酷科技

北京微视酷有限责任公司，简称微视酷，是中国专业VR教育软件研发机构，是专注于将虚拟现实技术——VR技术系统应用于教育的高新科技企业。

（16） 青研科技　青研科技

上海青研科技有限公司是上市公司华闻传媒投资的专业眼控（眼动、眼球追踪）技术研发公司。眼球追踪技术是用高精度红外成像装置和先进的图像识别算法来实时计算眼睛所看的位置，并可用眼睛来控制电脑、智能家居、手机、轮椅等设备，是目前人机交互领域的前沿技术。上海青研科技有限公司是完全自主开发并拥有已授权发明专利、软件著作权等完整自主知识产权的专业眼控技术公司，可根据客户需要进行眼控技术软硬件的定制开发，并可针对各行业的需求进行定制开发或ODM/OEM。

（17）uSens凌感　凌感

uSens凌感科技（uSens Inc.）总部位于硅谷中心的圣何塞市，开发最前沿的Inside-out追踪技术解决方案，致力于为AR、VR提供最自然的三维人机交互解决方案。公司汇聚了全球顶尖的计算机视觉、人工智能领域科学家，在有线及移动端实现了基于inside-out技术路线的26自由度手势追踪以及6自由度头部位置追踪技术，力求为用户创造最具沉浸感的自然人机交互"超级现实"新体验。

（18）NINED 玖的　玖的

广州玖的数码科技有限公司，是一家从事虚拟现实（Virtual Reality）技术研发和应用的高科技公司。主营品牌第一现场，是国内极具影响力的VR线下体验品牌，在VR线下体验店建设、运营及VR商用设备技术等领域拥有领先优势。它为B端客户提供VR线下体验店建设整体解决方案，为C端消费者提供更优秀的VR产品和更丰富的VR娱乐内容，为其他行业的伙伴提供与VR携手同行的无限合作机遇。

（19）NOITOM®　诺亦腾

北京诺亦腾科技有限公司（Noitom Technology Ltd.）是一家在动作捕捉技术领域具有国际竞争力的公司，核心团队由具有世界顶尖水准的工程师组成，研究范围跨越传感器应用、模式识别、运动科学、生物力学以及虚拟现实等领域。

（20） Virtuix Omni 跑步机

Virtuix Omni是一款由美国Virtuix公司出品的全向跑步机，包括Oculus Rift立体眼镜和Omni。Omni内建动作侦测硬体与处理软体，可以判别使用者步行的方向与速度，将之转换成一般游戏支援的键盘滑鼠操作信号，让玩家可以透过脚步来控制角色的移动，在虚拟世界中做出对现实反应的真实模拟。搭配Oculus出品的"Rift"虚拟实境头戴3D显示器时，能提供第一人称视点游戏的逼真体感效果。Omni底盘的表面是一个凹陷圆形曲面的光滑跑道，带有很多细小凹槽；支架调整到腰部的位置，通过安全带与人体连接。

（21）**KAT**VR KAT Walk VR 跑步机

由 KAT 团队带来的 KAT Walk 是继美国公司 Virtuix Omni 和奥地利公司 Cyberith Virtualizer 之后，全球上市的第三款，也是国内唯一的虚拟现实全向跑步机。KAT Walk 最初在 TechCrunch China2015 上获得关注，公开体验且好评如潮，被虚拟现实权威媒体誉为全球首款无束缚虚拟现实跑步机。KAT Walk 通过使用内置和穿戴式传感器，使用者可以用真实的动作控制游戏角色。其应用领域极广，可以应用到任何需要走动的场景中，让使用者有真正身临其境的体验。和国外两款 VR 跑步机不同的是，KAT Walk 没有固定在腰间的腰环的束缚，创新的独立支撑结构和开放式设计把人体活动的空间和支撑结构分离，有更好的沉浸感和自由度。另外，它采用非低摩擦弧面底座，利用恒定的滚动摩擦力完成人行走时产生的脚步曲线及位移，正常的摩擦力更容易保持平衡，从而大大降低了学习成本，普通人一般尝试 10 ～ 20 分钟即可自由行走。

1.2.2 虚拟现实的专利布局

（1）虚拟现实的专利分布情况

虚拟现实风潮兴起于 2010 年，此后，各家厂商纷纷投身虚拟现实，积极进行市场布局，重点推进研发计划进行技术创新和开发。为了保护自身权益，各厂商通过专利申请程序进行技术成果的保护，而根据各国专利管理部门的数据，我国虚拟现实行业专利申请形势非常严峻。

从图 1-19 可以看出，虚拟现实专利持有人主要是日本、美国以及韩国公司，其中，美国握有专利权占比达到 67.7%，日本占比达 17.5%，合计占比高达 85.2%。

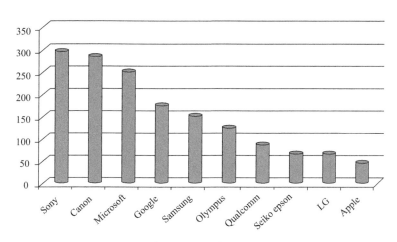

图 1-19　虚拟现实技术全球主要专利分布

当然，国内也有很多涉足虚拟现实领域的院校和初创公司申请了相关专利，如北京航空航天大学虚拟现实实验室、深圳的经纬度科技等，但申请和授权的专利数量很少。

从图 1-20 可以看出，在全球专利权人的排序中，拥有较多专利储备的专利权人基本都是电子或者 IT 业的企业，如微软（1401）、三星（906）、索尼（799）、IBM（714）等，企业持有人将专利转化为生产力的能力非常强，新技术能被迅速应用于生产之中，对于提升产品竞争力和降低生产成本影响极大。

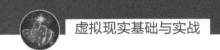

而从图1-21可以看出，国内虚拟现实专利持有人多是一些高校和中小企业，这决定了技术被应用于生产的效率慢于国外同行。

专利权申请人	
MICROSOFT	SAMSUNG ELECTRONICS
SONY	IBM
IMMERSION CORPORATION	CONON
MICROSOFT TECHNOLOGY L...	PHILIPS
INTEL	ACCENTURE
NOKIA	SUN MICROSYSTEMS
AT&T INTELLECTUAL PROPE...	APPLE
MAGIC LEAP	MICROSOFT TECHNOLOGY L...
ELECTRONICS AND TELECO...	GOOGLE
LG ELECTRONICS	QUALCOMM

专利权申请人	
BEIHANG UNIVERSITY	苏茂
SU MAO	STATE GRID CORPORETION...
CHINESE INSTITUTE OF TECH...	ZHEJIANG UNIVERSITY
HARBIN INSTITUTE OF TECH...	SOUTHEAST UNIVERSITY
NANJING UNIVERSITY OF AE...	SHANGHAI UNIVERSITY
林肯环球股份有限公司	上海乐相科技有限公司
北京小鸟看看科技有限公司	成都理想境界科技有限公司
DALIAN MARITIME UNIVERSITY	SHANGHAI JIAOTONG UNIVE...
上海圆津电子科技有限公司	广州供电局有限公司

图1-20　虚拟现实全球专利权持有人排序　　　　图1-21　国内虚拟现实专利持有人排序

（2）没有专利权优势的国内虚拟现实行业发展是"无源之水"

自三次科技革命兴起以来，知识产权对于企业的意义越来越重大，专利权背后涉及的是企业的核心竞争力，其影响延伸到生产成本、销售价格、盈利能力、行业安全等广泛的方面。

虚拟现实作为一个跨越多学科、高技术含量的高科技领域，VR企业对于核心科技的倚重更加明显。

放眼任何行业，专利权之争的背后，其实是市场的竞争，是话语权的竞争。

专利之争事关产品生产成本的高低，从研发到生产的各个环节，涉及到多项专利授权成本。例如智能手机，厂商缴纳的专利费用包含基带、LTE技术、GPS、WLAN等，一部售价400美元的智能手机，各种授权费用加起来竟然高达120美元，甚至超过了设备的零部件成本。

虚拟现实设备研发与生产，涉及的环节相比手机制造只多不少，专利之争相较手机行业只会更加呈白热化的态势。没有专利优势的厂商，授权专利付费成本过高导致生产成本居高不下，在市场竞争中毫无优势可言。

（3）在虚拟现实专利权布局上亡羊补牢犹未晚也

虚拟现实行业正式兴起的时间尚短，全球范围内还没有出现具有绝对统治权的企业，各家正忙于发展技术，培养市场，甚至互惠合作。例如Oculus与三星、HTC与Vavle，基本都还处于"高筑墙、广积粮"的状态。

同时，作为新兴行业，行业内企业基本处于同一起步时间节点，即便在专利布局上有差距，但远还没有到望尘莫及的程度。及时布局专利战略，以国内企业越来越强的科研能力和资金实力，迎头赶上甚至占据优势并非难事。

国内虚拟现实设备生产商"IDEALSEE GROUP"为业界带了一个好头。到目前为止，IDEALSEE GROUP共申请专利155项，已授权专利64项，可见其在技术研发上的深度优势。但大多数的国内企业仍在虚拟现实专利权上存在着差距，即使通过自力更生，投入巨大的资源，依然需要时间和耐心才能看到成果。

事实上，智能手机行业依然能为我们提供一些好的典范。如小米连续收购博通的无线通信专利、英特尔332件专利、微软1500多项专利等，并获得1000多项交叉专利许可。

此外，产业联盟也是解决方法之一。即行业内的攻守同盟，联盟内成员间可实现技术交流共享和专利互授，并共同应对联盟之外的专利诉讼。

1.3　虚拟现实的未来

1.3.1　电子消费品发展的历史脉络

以下主要介绍对我们生活影响比较大的电子消费产品

（1）MP3的发展历程

世韩于1998年推出了世界上第一台MP3播放器——MPMan F10 MPMan，取意于MP3与WALKMAN的结合。

在世韩的MPman F10为人们带来惊喜之后，美国的帝盟（Diamond）公司挑头，于1998年底推出了Rio PMP300，这是第一个让全世界都印象深刻的MP3。

跨入21世纪，MP3的高速发展使人们不再满足于闪存那以MB为单位的容量。2000年1月，创新科技推出了2.5英寸硬盘MP3——NOMAD Jukebox，它采用了富士通6.4GB的2.5英寸硬盘作为存储介质，可以存储相当于100多张CD的MP3音乐，容量远远超过了当时的闪存MP3，不过体积也非常惊人，竟比一般的CD随身听还要大，其外形也跟CD随身听非常相似。

iPod诞生于2001年10月，作为一款MP3，它在很多方面并不出色：价格高、音质一般、使用时间短以及缺乏对Windows的支持等，但它却是第一个把互联网音乐与MP3随身听捆绑销售的产品。

国内的数码产品更新不断，以魅族为代表的厂商曾经一度风靡全国。数码产品的更新换代总是让人目不暇接，从20世纪90年代末MPMan10启动了MP3硬件市场以来，在市场需求以及利益驱动下，播放器行业的发展速度可谓之一日千里，从最早的MP3（图1-22）、MP4（图1-23）到所谓的MP5、MP6，再到所谓的MP10，精明的商家总是能够找到突破点，使得消费者不得不让自己手中的旧产品换代，选择具备新功能的产品。总的而言，可谓概念不断、噱头不断，而消费者在购买了一大堆中看不中用的功能后也怨言不断。

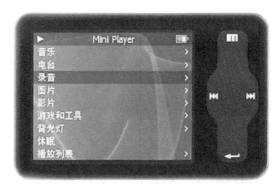

图1-22　国产魅族MP3　　　　　　　　图1-23　国产魅族MP4

曾几何时，MP3播放器风靡一时，市场迅速膨胀。但手机突破容量、音质瓶颈后快速发展。

（2）数码影像的发展历程

数码相机的历史可以追溯到20世纪四五十年代。1951年，宾·克罗司比实验室发明了录像机（VTR），这种新机器可以将电视转播中的电流脉冲记录到磁带上。1956年，录像机开始大量生产。它被视为电子成像技术的产生。1970年，是影像处理行业具有里程碑意义的一年，美国贝尔实验室发明了CCD。"阿波罗"登月飞船上就安装有使用CCD的装置，这就是数码相机的原型。"阿波罗"号登上月球的过程中，美国宇航局接收到的数字图像如水晶般清晰。数码图像技术发展得更快，主要归功于冷战期间的科技竞争。而这些技术也主要应用于军事领域，大多数的间谍卫星都使用数码图像科技。

1975年，在美国纽约罗彻斯特的柯达实验室中，一个孩子与小狗的黑白图像被CCD传感器所获取，记录在盒式音频磁带上。这是世界上数码相机获取的第一张数码照片，影像行业的发展就此改变。

（3）手机的发展历程

1844年5月24日，莫尔斯的电报机从华盛顿向巴尔的摩发出人类历史的第一份电报"上帝创造了何等奇迹！"

1875年6月2日，贝尔做实验的时候，不小心把硫酸溅到了自己的腿上。他疼得对另一个房间的同事喊到"活特，快来帮我啊！"而这句话通过实验中的电话传到了在另一个房间接听电话的活特耳里，成为人类通过电话传送的第一句话。

1831年，英国的法拉第发现了电磁感应现象，麦克斯韦进一步用数学公式阐述了法拉第等人的研究成果，并把电磁感应理论推广到了空间。而60多年后赫兹在实验中证实了电磁波的存在。电磁波的发现，成为"有线电通信"向"无线电通信"的转折点，也成为整个移动通信的发源点。

"手机是踩着电报和电话等的肩膀降生的，没有前人的努力，无线通信无从谈起。"

"1973年4月的一天，一名男子站在纽约的街头，掏出一个约有两块砖头大的无线电话，并开始通话。这个人就是手机的发明者马丁库泊。当时他是摩托罗拉公司的工程技术人员。这是世界上第一部移动电话。

1975年，美国联邦通信委员会（FCC）确定了陆地移动电话通信和大容量蜂窝移动电话的频谱，为移动电话投入商用做好了准备。1979年，日本开放了世界上第一个蜂窝移动电话网。1985年，第一台现代意义上的可以商用的移动电话诞生。它是将电源和天线放置在一个盒子里，重量达3kg。与现代形状接近的手机，则诞生于1987年，其重量仍有大约750g，与今天仅重60g的手机相比，像一块大砖头。

手机现在已经成为主流商品，更轻巧的机身、更多的用户体验、更丰富实用的功能已经成为各大厂商所追求的理念。现在数码产品功能的集合度越来越高，手机除了基本的通话功能之外，还是多媒体播放设备、高速网络浏览器，甚至更多。毫无疑问将摄像头加到手机上是一个进步，现在拍照手机和数码相机的差异越来越小。

（4）计算机的发展历程

电子管计算机（图1-24）（1946—1957年）的主要特征是采用电子管元件作为基本器件，用光屏管或汞延时电路作存储器，输入与输出主要采用穿孔卡片或纸带，体积大、耗电量大、速度慢、存储容量小、可靠性差、维护困难且价格昂贵。在软件上，通常使用机器语言或者汇编语言来编写应用程序。这一时代的计算机主要用于科学计算。

第二代晶体管计算机（图1-25）（1957—1964年），由晶体管代替电子管作为计算机的基础器件，用磁芯或磁鼓作存储器，在整体性能上，比第一代计算机有了很大的提高。同时程序语言也相应地出现了，如Fortran、Cobol、Algo160等计算机高级语言。晶体管计算机被用于科学计算的同时，也开始在数据处理、过程控制方面得到应用。

第三代中小规模集成电路计算机（图1-26）（1964—1971年），中小规模集成电路成为计算机的主要部件，主存储器也渐渐过渡到半导体存储器，使计算机的体积更小，大大降低了计算机计算时的功耗。由于减少了焊点和接插件，进一步提高了计算机的可靠性。在软件方面，有了标准化的程序设计语言和人机会话式的Basic语言，其应用领域也进一步扩大。

第四代大规模和超大规模集成电路计算机（1971—2016年），随着大规模集成电路的成功制作并用于计算机硬件生产过程，计算机的体积进一步缩小，性能进一步提高。集成更高的大容量半导体存储器作为内存储器，发展了并行技术和多机系统，出现了精简指令集计算机（RISC），软件系统工程化、理论化，程序设计自动化。微型计算机在社会上的应用范围进一步扩大，几乎所有领域都能看到计算机的"身影"。

第五代计算机指具有人工智能的新一代计算机，具有推理、联想、判断、决策、学习等功能。IBM发表声明称，该公司已经研制出一款能够模拟人脑神经元、突触功能以及其他脑功能的微芯片，从而完成计算功能，这是模拟人脑芯片领域所取得的又一大进展。IBM表示，这款微芯片擅长完成模式识别和物体分类等繁琐任务，而且功耗还远低于传统硬件。

图1-24　电子管计算机

图1-25　第二代晶体管计算机

图1-26　第三代中小规模集成电路计算机

在现在的智能社会中，计算机、网络、通信技术会三位一体化，新世纪的计算机将把人从重复、枯燥的信息处理中解脱出来，从而改变我们的工作、生活和学习方式，给人类和社会拓展了更大的生存和发展空间。

手机的发展，替代了MP3，受到影响，数码相机的业务也在不断缩减，对计算机的市场也造成了一定的冲击。由所谓的智能手机、智能计算机可以窥见一斑，下一代的智能AI能够用来模拟人脑的神经元，具有推理、联想、判断、决策、学习等功能。目前，虚拟现实与智能AI几乎并驾齐驱，虚拟现实的系统设备成为下一代计算平台是毫无疑问的趋势。这个未来的新一代的革命性的计算平台的产品形态，是头戴式还是机器人的robot式，都是在消费级智能手机的技术积累之下的进一步发展和演变。

1.3.2　虚拟现实技术的瓶颈

虚拟现实技术经过近几年的快速发展，各方面性能逐步完善，但仍然面临着一些关键技术有待改进和突破。主要可以概括为下列3个方面。

（1）大范围、多目标、精确、实时定位

目前在已经面向市场的VR产品中，当属HTC Vive Pre的定位精度最高，时延最低。HTC Vive Pre的定位主要依靠Light House来完成。Light House包括红外发射装置和红外接收装置。红外发射装置沿着水平和垂直两个方向高速扫描特定空间，在头盔和手柄上均布有不少于3个红外接收器，且头盔（手柄）上所有的红外接收器之间的相对位置保持不变。当红外激光扫过头盔或手柄上的红外接收器时，接收器会立即响应。根据多个红外接收器之间的响应时间差，不仅可以计算出头盔（手柄）的空间位置信息，还能得出姿态角度信息。目前HTC Vive Pre只能工作于一个独立的空旷房间中，障碍物会阻挡红外光的传播。而大范围、复杂场景中的定位技术仍需突破。多目标定位对于多人同时参与的应用场景至关重要。当前的虚拟现实系统主要为个人提供沉浸式体验，例如单个士兵作战训练。当多个士兵同时参与时，彼此希望看见队友，从而达到一种更真实的群体作战训练，这不仅需要对多个目标进行定位，还需要实现多个目标的数据共享。

（2）感知的延伸

视觉是人体最重要、最复杂、信息量最大的传感器。人类大部分行为的执行都需要依赖视觉，例如日常的避障、捉取、识图等，但视觉并不是人类唯一的感知通道。虚拟现实所创造的模拟环境，不应仅仅局限于视觉刺激，还应包括其他的感知，例如触觉、嗅觉等。

（3）减轻眩晕和人眼疲劳

目前所有在售的VR产品都存在导致佩戴者眩晕和人眼疲劳的问题。其耐受时间与VR画面内容有关，且因人而异，一般耐受时间为5～20min；对于画面过度平缓的VR内容，部分人群可以耐受数小时。上述的技术瓶颈中，大范围多目标精确实时定位已经取得了一定的突破，在成本允许的情况下，通过大面积地部署传感器是可以解决这一问题的。感知的延伸还存在较大的技术难度，尤其是触觉。但当前的VR应用对感知的延伸并没有迫切的需求，相比之下，眩晕和人眼疲劳却是一个到目前为止还没有解决但又迫切需要解决的问题，是现阶段虚拟现实的技术禁地。

虚拟现实比3D电影提供了更丰富的三维感知信息，更逼近于人眼观看三维物理世界的

方式。但为什么VR眼镜在佩戴一段时间后会导致眩晕和人眼疲劳呢？其原因是多样的，主要包括如下3方面。

① 身已动而画面未动　如果无法获取VR眼镜的姿态和平移信息，则无法感知到移动视差。身体移动后，观看视点的位置和观看角度也随之改变，但人眼看见的3D画面并没有相应地改变，这会导致大脑在处理视觉信息和肢体运动信息时产生冲突，从而在一定程度上导致眩晕不适。

② 画面已动而身未动　目前虚拟现实的应用还局限在一个非常有限的物理空间内。当画面快速变化时，身体的运动也应该与之匹配，但受到运动范围的限制，身体并没有产生对应幅度的运动，从而在大脑中产生了肢体运动信息和视觉信息的冲突。例如，通过虚拟现实体验过山车时，观看视点和角度在快速地变化，但身体却保持不变。当VR画面变化（过度）越快时，大脑产生的冲突越明显。

上述两种眩晕都是由视觉信息与肢体运动信息之间的冲突造成的，统称为晕动症。产生晕动症的技术原因是多方面的。

a.空间位置定位和姿态角度定位的精度和速度　惯性测量装置（Inertial Measurement Unit，IMU）是一种微机电（MEMS）模块，也是当前VR眼镜测量角度姿态的主要技术手段。但IMU只能测量姿态角度，不能测量空间位移。多个IMU组合，可以实现空间位移测量，但积累误差大且难以消除，暂不适用于VR眼镜。另一种定位技术是基于传统摄像头的SLAM（Simultaneous Localization and Mapping）算法，可以同时实现空间位置定位和姿态角度定位，且适用于复杂场景，但目前SLAM算法在精度、速度和稳定性上都有待提高。基于双目相机或深度相机的SLAM是一个有价值的潜在研究方向。目前最实用的定位技术是HTC Vive Pre中应用的红外激光定位技术，硬件成本低，且同时具备高精度、低时延的空间位置定位和姿态角度定位，但其应用局限于小范围的空旷场景中。

b.显示器件的刷新频率　目前头戴显示（HMD）的像源主要包括微投影仪和显示屏两种。其中微投影仪主要应用在增强现实（AR，Argumented Reality）中，例如Google Glass，Hololens，Meta，Lumus，Magic Leap等。虚拟现实主要采用小尺寸显示屏（6英寸以下）作为像源，其中显示屏又分为液晶显示屏（LCD，Liquid Crystal Display）和有机自发光显示屏（OLED，Organic Light-Emitting Diode）。目前LCD和OLED屏幕的刷新率普遍能达到60Hz以上，部分型号甚至能达到90Hz以上。OLED采用自发光成像，因此余晖比LCD更小，上一帧图像的残影更小。

c.图像渲染时延　虚拟现实所创建的模拟环境是经计算机图形图像学渲染生成得到的，渲染的速度直接由计算机性能决定，尤其依赖于计算机中的显卡（Graphic Processing Unit，GPU）性能。目前高性能的GPU渲染一个复杂场景已能达到全高清（Full HD）90fps以上。

VR眼镜的图像刷新速度取决于上述3个技术指标的最低值。也即上述3个环节中，任何1个环节速度慢都会导致图像刷新率降低，从而出现晕动症。前几年，VR设备厂商将VR眼镜的眩晕归因于"图像刷新太慢"。目前最新的VR眼镜在空间位置定位和姿态角度定位的速度、显示器件的刷新频率、图像渲染速率3个指标均能达到90Hz，远高于人眼时间暂留的刷新阈值（24Hz）。为什么还是会眩晕呢？有人怀疑是活动范围有限导致身体移动的幅度与画面变化幅度不一致。万向跑步机无限延伸了活动范围，但眩晕的问题依然存在。由此可见，上述两个方面是造成了眩晕的表象原因，并不是根本原因。

③ 聚焦与视差冲突　对于双目视差、移动视差、聚焦模糊三种主要深度信息，当前的

头戴显示设备只提供了前两种。聚焦丢失（聚焦错乱）是产生眩晕的"罪魁祸首"。"聚焦模糊"真的就这么重要吗？众所周知，双眼能感知物体的远近，但其实单眼也可以。当伸出手指，只用一只眼注视手指时，前方的景物模糊了；而当注视前方景物时，手指变得模糊，这是由眼睛的睫状肌屈张调节来实现的。眼镜聚焦在近处时，睫状肌收缩，近处的物体清晰而远处的场景模糊；眼镜聚焦在远处时，睫状肌舒张，远处的场景清晰而近处的物体模糊。通过睫状肌的屈张程度，能粗略感知到物体的远近，因此单眼也能感知到立体三维信息。如图1-27所示（来源：科技导报）。

图1-27   单眼感知到立体三维信息

现阶段的虚拟现实头显设备只提供单一景深的图片，且图片的景深固定，这导致人眼始终聚焦在固定距离的平面上。当通过"聚焦模糊"感知到的深度信息与通过"双目视差"感知到的深度信息不一致时，就会在大脑中产生严重的冲突，称为"聚焦与视差冲突"（Accommodation-Convergence Conflict，ACC）。而且当大脑检测到ACC时，会强迫睫状肌调节到新的屈张水平，使之与双目视差所提供的深度信息相匹配。当睫状肌被强迫调节后，因为聚焦错乱，图像会变得模糊，此时大脑会重新命令睫状肌调节到之前的屈张水平。如此周而复始，大脑就"烧"了。

1.3.3   虚拟现实技术的未来发展趋势

随着虚拟现实技术在城市规划、军事等方面应用的不断深入，在建模与绘制方法、交互方式和系统构建方法等方面，对虚拟现实技术都提出来更高的需求。为了满足这些新的需求，近年来，虚拟现实相关技术研究遵循"低成本、高性能"原则，取得了快速发展，表现出新的特点和发展趋势。主要表现在以下方面。

（1）动态环境建模技术

虚拟环境的建立是VR技术的核心内容，动态环境建模技术的目的是获取实际环境的三维数据，并根据需要建立相应的虚拟环境模型。

（2）实时三维图形生成和显示技术

三维图形的生成技术已比较成熟，而关键是如何"实时生成"，在不降低图形的质量和复杂程度的前提下，如何提高刷新频率将是今后重要的研究内容。此外，VR还依赖于立体显示和传感器技术的发展，现有的虚拟设备还不能满足系统的需要，有必要开发新的三维图形生成和显示技术。

（3）适人化、智能化人机交互设备的研制

虽然头盔和数据手套等设备能够增强沉浸感，但在实际应用中，它们的效果并不好，并未达到沉浸交互的目的。采用人类最为自然的视觉、听觉、触觉和自然语言等作为交互的方式，会有效地提高虚拟现实的交互性效果。

（4）大型网络分布式虚拟现实的研究与应用

网络虚拟现实是指多个用户在一个基于网络的计算机集合中，利用新型的人机交互设备介入计算机，产生多维的、适用于用户（即适人化）应用的、相关的虚拟情景环境。分布式虚拟环境系统除了满足复杂虚拟环境计算的需求外，还应满足分布式仿真与协同工作等应用对共享虚拟环境的自然需求。分布式虚拟现实系统必须支持系统中多个用户、信息对象（实体）之间通过消息传递实现的交互。分布式虚拟现实可以看作是基于网络的虚拟现实系统，是可供多用户同时异地参与的分布式虚拟环境，处于不同地理位置的用户如同进入到同一个真实环境中。目前，分布式虚拟现实系统已成为国际上的研究热点，相继推出了相关标准。在国家"八六三"计划的支持下，由北京航空航天大学、杭州大学、中国科学院计算所、中国科学院软件所和装甲兵工程学院等单位共同开发了一个分布虚拟环境基础信息平台，为我国开展分布式虚拟现实的研究提供了必要的网络平台和软硬件基础环境。

1.4 虚拟现实的展望

摩尔定律定义，电脑的运算处理能力每18个月就会翻一番。所以，你不可能两次跳进同一条河流，世界上唯一不变的是变化本身。事实上，扎克伯格（Facebook创始人）"为下一代社交网络做好准备"的话音未落，各大科技巨头就已经蜂拥而上，包括Google、微软、三星、索尼在内的跨国公司，都相继发布了在虚拟现实方面的技术或产品突破，而与该技术相关的投资、并购以及知识产权的买入，则成为这些巨头们角逐未来战场的重要支点。

从Google的CardBoard到三星Gear VR，从微软发布的HoloLens到Google牵头并投下5.42亿美元Magic Leap，再到国内的后起之秀蚁视科技等，虚拟现实变得越来越炙手可热。

1.4.1 虚拟现实成为下一代IoT的入口

到底什么是虚拟现实？比较浅显一点儿的解释是：目前虚拟现实技术的呈现，主要是体验者依靠全封闭的头戴型显示器观看电脑模拟产生的虚构世界的影像，并配有耳机、运动传感器或其他设备等，为其提供视觉、听觉、触觉等方面的感官体验，虚拟现实系统的整套设备可以根据体验者的反应做出反馈，使体验者达到身临其境的感觉。根据体验者参与形式的不同，虚拟现实系统大致可分为四种模式：桌面式、沉浸式、增强式和分布式。

专注虚拟现实技术研究的清华大学精仪系光学工程博士、北京航空航天大学副教授欧攀解释为，"简单来看这一技术的发展过程，最早的功能就是把手机做到眼镜上，后来把眼镜结合在头盔上，就是头戴式显示器，它的处理器一般连接在电脑上，这也就是Oculus的原

理，也是索尼在虚拟现实技术上的主要突破，包括谷歌、三星等公司都推出了自己的显示头戴产品，大部分已投放到市场中。""但是，这些头戴还仅仅拥有110°视角。同时，更大的问题在于，包括谷歌眼镜、Oculus，都只能显示出一个固定的显示平面，因而焦点是固定的，这种显示方案，从根本上不太适合用户长时间观看。"Magic Leap则实现了进一步的突破，它不需要屏幕，把影像直接投到视网膜上，以实现更加真实的全息。这也是Magic Leap备受科技巨头与资本追捧的重要原因。

为什么虚拟现实技术（VR/AR）会在全球受到如此多的关注和追捧？小村资本早期孵化器stories创始人梅晨斐给出的答案是："大家之所以如此关注VR/AR，简单来讲是因为虚拟现实是'下一个入口'。最早期人们的注意力在纸媒，后来电视机取代纸媒成为了热门注意力的焦点，接下来电脑屏幕取代了电视机，手机取代了电脑屏幕。而下一个可能取代手机转移人们注意力时间的就是VR/AR。""再简单点来说，现在人们花很多时间在手机上，未来可能花很多时间在VR/AR上。人们的眼球在哪里，投资就会去哪里。"

1.4.2　虚拟现实的发展方向

虚拟现实技术的发展方向有三点：

① 大众化技术，走群众路线，如使用容易的家庭、移动、桌面系统；

② 专业领域，行业应用取得突破，产生杀手锏级的应用，如国防、医学、教育等国家战略需求；

③ 高精尖，专有设备取得高端突破，精确、精致、尖端的应用，取得国际同行认可。

教育方面将会面临改变，目前的教学方式有D-learning，E-learning，M-learning，V-learning，MOOCS等。但MOOCS不能解决的问题是看的学生和放的内容没有沉浸感，没有交互性，也没有想象性。但是虚拟现实有这个功能，所以说虚拟现实在教育上会带来革命性的变化。

进入2016年，苹果CEO蒂姆·库克也表示，"虚拟现实并不是小众产品"，这一判断与此前扎克伯格在收购案件的表达如出一辙，后者认为虚拟现实将创造未来一个新的巨大应用。

第2章

什么是虚拟现实

Chapter 02

2.1 虚拟现实的定义和范畴

2.1.1 虚拟现实的特性和体验

虚拟现实（Virtual Reality，VR）技术是指采用计算机技术为核心的现代高科技手段组成一种虚拟环境，用户借助特殊的输入/输出设备，与虚拟世界中的物体进行自然的交互，从而通过视觉、听觉和触觉等获得与真实世界相同的感受。VR系统将用户从现实环境中剥离出去，强调的是重度体验（图2-1），并不寻求与周边环境有重度交互，主要用于游戏、视频、教育、会议等领域。图2-2所示的三角形，简明地表示了VR技术所具有的3个最突出的特征：交互性、沉浸性、想象性，使得参与者能在虚拟环境中沉浸其中、超越其上、进退自如并自由交互。它强调人在虚拟系统中的主导作用，即人的感受在整个系统中最重要。因此，"交互性"和"沉浸性"这两个特征，是VR与其他相关技术（如三维动画、科学可视化以及传统的多媒体图形图像技术等）最本质的区别。

图2-1　VR体验

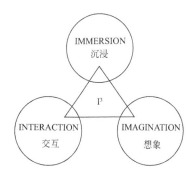

图2-2　VR的"3I"特性

（1）沉浸性

沉浸性又称临场感，指用户感受到作为主角存在于虚拟环境中的真实程度，被认为是VR系统的性能尺度。VR技术根据人类的视觉、听觉的生理或心理特点，由计算机产生逼真的三维立体图像。用户戴上头盔显示器（head-mounted display，HMD）、数据手套、手柄等交互设备，便可将自己置身于虚拟环境中，使自己由观察者变为身心参与者，成为虚拟环境中的一员。

一般来说，导致"沉浸性"产生的原因主要有以下两方面。

① 多感知性（multi-sensory） 指除了一般计算机所具有的视觉感知外，还有听觉、力觉、触觉、运动，甚至包括味觉、嗅觉感知等。理想的VR系统应该具有人所具有的多种感知功能。

② 自主性（autonomy） 虚拟物体在独立活动、相互作用或与用户交互作用中，其动态都有一定的表现，这些表现应服从于自然规律或设计者的规定。自主性就是指虚拟环境中物体依据物理定律做出动作的程度。

另外，影响沉浸性的因素还有图像的深度信息（是否与用户的生活经验一致）、画面的视野（是否足够大）、实现跟踪的时间或空间响应（是否滞后或不准确），以及交互设备的约束程度（能否为用户所适应）等。

（2）交互性

交互性就是通过硬件和软件进行人机交互，包括用户对虚拟环境中对象的可操作程度和从虚拟环境中得到反馈的自然程度。VR应用中，用户将从过去只能通过键盘、鼠标与计算机环境中的单维数字信息交互，升级为用多种传感器（眼球识别、语音、手势乃至脑电波）与多维信息的环境交互，逐渐与真实世界中的交互趋同。当前VR常用的交互设备有立体眼镜、数据手套和交互手柄等，图2-3展示了上述设备的形状。

 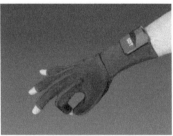 

(a)头盔显示器　　　　　　　　　　(b)数据手套　　　　　　　　　　(c)交互手柄

图2-3　VR交互显示设备

（3）想象性

想象性是指在虚拟环境中，用户可以根据所获取的多种信息和自身在系统中的行为，通过联想、推理和逻辑判断等思维过程，随着系统的运行状态变化对系统运动的未来进展进行想象，以获取更多的知识，认识复杂系统深层次的运动机理和规律性。

VR技术出现以前，人们只能从定量计算的结果中得到启发而加深对事物的认识。借助于VR技术，人们则有可能从定性和定量集成的虚拟环境中得到感性和理性认识，进而深化概念、产生新意和构想，主动地寻求、探索信息，而不是被动地接受。这就更体现了VR的创意和构想性。

2.1.2 虚拟现实的分类和延伸

根据目前的发展来看，按照VR功能高低大体可分为如下四类。

（1）桌面级VR系统

利用个人计算机和低级工作站实现仿真，计算机的屏幕作为用户观察虚拟境界的一个窗口，通过各种输入设备实现与VR世界的充分交互。如图2-4所示，zSpace为该类典型代表。它要求参与者使用输入设备，通过计算机屏幕观察360°范围内的虚拟境界，并操纵其中的物体，但这时参与者缺少完全的沉浸，因为它仍然会受到周围现实环境的干扰。桌面VR最大的特点是缺乏真实的现实体验，但是成本也相对较低，因而应用比较广泛。常见的桌面VR技术有VR造型语言VRML、桌面三维VR、MUD等。

（2）沉浸式VR系统

采用头盔式显示，以交互手柄、头部跟踪器为交互装置，把参与者的视觉、听觉和其他感觉封闭起来，使参与者暂时与真实环境相隔离而真正成为VR系统内部的一个参与者，并可以利用各种交互设备操作和驾驭虚拟环境，给参与者一种充分投入的感觉（图2-5）。一个沉浸式VR系统的标配包括：

图2-4 桌面级VR系统

图2-5 沉浸式VR系统

① 视觉剥离，与真实外界断开视觉联系；
② 视觉空间，凸透镜结构拉开像距，可以观看到几米或几百米远的物品；
③ 立体透视，左右眼图像差异形成立体感；
④ 全景展示，全角度的内容呈现，形成全景的视野。
图2-6展示了各个步骤。

(a)视觉剥离

(b)视觉空间

(c)立体透视

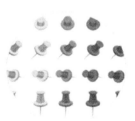
(d)全景展示

图2-6 沉浸式VR的标配

（3）分布式 VR 系统

在网络环境下，充分利用分布于各地的资源，协同开发各种 VR 系统（图 2-7）。分布式 VR 是沉浸式 VR 的发展，它把分布于不同地方的沉浸式 VR 系统通过网络连接起来，共同实现某种用途，使不同的参与者连接在一起，同时参与一个虚拟空间，共同体验虚拟经历，使用户协同工作达到一个更高的境界。目前分布式 VR 系统主要基于两种网络平台：一类是基于 Internet 的 VR，另一类是基于高速专用网的 VR。

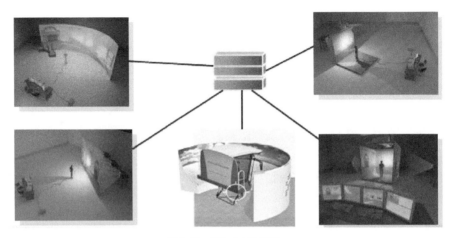

图 2-7 分布式 VR 系统

（4）增强现实性 VR 系统

又被称为混合 VR 系统，它是把真实环境和虚拟环境结合起来的一种系统，既可减少构成复杂真实环境的开销，又可利用它来增强参与者对真实环境的感受，也就是增强现实中无法感知或不方便的感受（图 2-8）。典型的实例是战机飞行员的平视显示器，它可以将仪表读数和武器瞄准数据投射到安装在飞行员面前的穿透式屏幕上，也可以使飞行员不必低头读座舱中仪表的数据，从而可集中精力盯着敌人的飞机或导航偏差。

从技术发展历程来看，增强现实（Augmented Reality，AR）技术是 VR 技术发展出的一个分支，两者在底层技术（如头盔显示器、交互、手势识别、位置跟踪等）上是共通的，但在应用层面上，两者存在明显的差别。AR 技术将计算机生成的虚拟信息叠加到真实场景上，并借助感知和显示设备将虚拟信息与真实场景融为一体，最终呈现给使用者一个感官效果真实的新环境（图 2-9）。运用 AR 技术，将扩增内容（Augmented Content，计算机依据现实环

图 2-8 增强现实性 VR 系统　　　　　　　　　　　图 2-9 AR 案例

境的相关信息实时生成的内容）无缝地整合到现实环境中，为人类所感知。扩增内容可以是文本、图像、视频及音频材料、三维模型及动画等，甚至可以是嗅觉及触觉信息。AR系统具有如下三个突出的技术特点：

① 真实世界和虚拟的信息集成；

② 具有实时交互性；

③ 在三维尺度空间中增添定位虚拟物体。

在其技术进化的过程中，AR面临的主要技术难题是视觉呈现方式、目标追踪定位等。AR系统经历了有标记点与无标记点两种类型。前者依赖数据手套、传感器和立体显示设备，后者则代替以全球定位系统（GPS）、电子罗盘和图像识别设备。随着移动互联网产业的蓬勃发展，便携性、智能性、互动性等特征逐渐显现，智能终端也开始成为AR发展的重要领地，与AR密切相关的APP迅速扩张并独成一脉。

AR的技术主要包括显示技术、识别技术、立体成像技术、传感技术等。就显示技术而言，则主要分为头盔式和非头盔式两种。就头盔而言，依据影响呈现方式的不同，又可分为屏幕式与光学反射式。其技术区别如表2-1所示。

表2-1　屏幕式头盔显示和光学反射式显示技术的区别

技术特点	头盔式屏幕显示	光学反射式显示
影响质量	真实世界的影像是计算机采集后的，有一定的数据压缩，质量不高	透过镜片直接可以看到真实世界，临场感强，真实自然
虚实结合的融合度	摄像头采集到的画面容易进行调节与处理，技术优化空间宽泛	把虚拟影像投射在镜片上，与真实世界难于实现准确的叠加，造成视觉混乱
虚实结合的真实感	人眼看到的是虚拟结合的画面，经处理后焦距一致，真实感较强，但屏幕限制较多	人眼看到的真实世界透视感强，虚拟影像的透视感弱，存在视差，易疲劳

随着移动互联网与智能手机的逐渐普及，人们逐渐把目光聚焦到手持显示设备（Hand-Held Displays）、空间显示设备（Spatial Displays）以及可穿戴显示设备（Wearable Displays）上，借助于最新的3D显示技术，带来轻松、便携、愉悦的沉浸感受。在这股技术潮流中，手持显示在商业上最为成功。而裸眼3D技术，因其无需佩戴眼镜、立体透视感强烈、适应各种光学条件等优势集于一身，正逐渐应用到各种电子屏幕上。空间显示是与环境密切融合的技术，它一般与使用者相分离，并能被多人同时使用，触摸虚拟对象可感受真实感。空间显示设备通常是显示器或投影仪，图2-10展示了一种光学反射式显示技术的眼镜，集GPS、手机、相机等功能于一身，用户只需眼部动作就能完成查询路况、收发信息、拍照摄像等实时操作。它本质上是摄像头、微型投影仪、传感器、操控设备、存储传输等的结合体。

与主流的屏幕显示技术相比，另外一个进展迅速的技术类型是全息影像（Holography），它是一种真正意义上实现360°影像表达的技术，即从任意角度观看都会得到真实的立体效果。这种技术从最初的静态影像呈现，如身份证照片、防伪

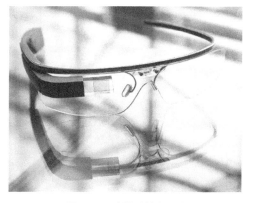

图2-10　光学反射式眼镜

图2-11 全息眼镜

标示等，进化到如今的实时性、动态性、体积感等多种特性。从技术实现的方式而言，既有大型投影群的参与，也能见到微型投影器的身影。前者可在大型广场等户外举行虚拟展示、艺术表演等活动，而后者应用于智能手机、平板电脑、智能手表等可穿戴设备上，开发互动性体验、立体投影等新媒体功能，则更具有技术优势与发展潜力。此外，透明面板的发明也带给人们极大的想象空间，即把屏幕的光学折射特性应用到极致，透过屏幕可以看清后边的真实世界，这使得裸眼3D产生的虚拟空间与真实世界更容易叠合，而不借助于摄像头进行影像的捕捉，既避免了光学反射式投影影像的对焦虚化，更避免了头盔式屏幕显示的影像质量的画质损失。图2-11为微软全息眼镜HoloLens，是这类技术的典型代表。

2.1.3 虚拟现实的系统构成

构建VR系统的基本手段和目标是利用并集成高性能的计算机软硬件及各类先进的传感器，创建具有身临其境的沉浸感、完善的交互能力的综合信息环境，图2-12表示了一个经典的VR系统模型。进入2016年以来，VR系统已发展为如图2-13所示的集硬件、软件、内容与应用为一体的完整的生态链条。下面从三个部分进行展开。

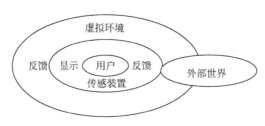

图2-12 经典VR系统

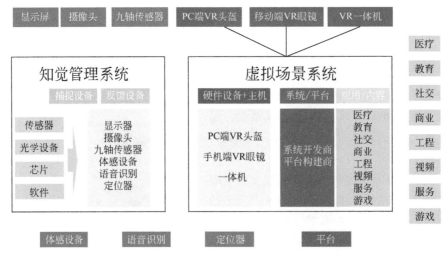

图2-13 VR系统：包含硬件、软件、内容与应用

（1）终端入口

众所周知，互联网就是一切以用户为中心，通过"入口级"产品来获取用户。"入口"是互联网行业特有的名词，其本质是一个与用户最"重度连接"的产品或服务，以此为根据地，逐渐延伸到企业的整个商业体系。互联网经济的核心模式就是入口模式，互联网公司的秘密就是打造入口级产品，譬如腾讯的QQ/微信、阿里巴巴的淘宝等。入口级产品通常包括五大核心优势，即刚需、痛点、高频、场景和连接。如果说门户网站是互联网时代的入口，智能手机是移动互联网时代的入口，那么VR终端将取代智能手机，成为"下一个入口"，因为VR终端是继智能手机后，集硬件、平台、计算中心、流量入口、娱乐、行业应用等所有功能于一体的新的终端产品，已满足入口级产品的条件，即刚需（VR爱好者确实要用）、痛点（其他体验较差或贵）、高频（经常使用）、强场景（延伸性强）、连接（网络连接）。

2014年，Facebook以20亿美金收购VR龙头Oculus引爆VR热潮后，谷歌、微软、索尼、三星等跨国公司都相继发布了VR方面的产品。从谷歌的CardBoard、Daydream View，到三星的Gear VR，HTC的Vive，索尼的PlayStation VR，乃至微软发布的HoloLens，以及谷歌牵头并领投的Magic Leap等，均希望以自己的终端作为行业的入口。国内企业也不甘落后，BAT（百度、阿里巴巴和腾讯的简称）、小米、360、华为，甚至锤子科技，积极布局VR，相继涌现出数百家VR领域的创业公司和团队，包括乐相、蚁视、七鑫易维、诺亦腾等，呈现出百花齐放的态势。然而2016年，HTC、Oculus和索尼三家VR头盔的总销量远远低于行业内的预期。受到低迷销量的影响，Oculus还对产品进行了降价，降幅高达四分之一，Facebook还关闭了数百个VR演示站。由此可见，VR市场并未迎来真正的火爆，硬件技术不过关、生态建设不完善等，都对硬件终端作为VR行业的入口提出了严重的挑战。

阿里巴巴和腾讯在VR领域动作频频，前者布局明确指向电商购物的BUY⁺（宣传页面如图2-14所示），其虚拟实验室实施的"造物神"计划，已完成数百件高度精细的商品模型构建，下一步将开发标准化工具，让每个品牌或商家都有机会快速建立自己的3D商品库，从而令用户实现在虚拟世界中的购物体验。与之不同的是，腾讯在VR领域的布局涉及硬件、平台和应用部分。在2015年12月Tencent VR开发者沙龙上，正式公布了Tencent VR SDK及开发者支持计划，系统阐述了其在VR领域的规划，核心目标在于利用自己游戏、影视、社交、直播、地图等方面的资源，搭建一个全方位的VR服务平台（图2-15），连接开发者、产品和用户，为用户提供产品，为开发者发行产品以及提供相应的服务措施，如导入腾讯社交体系、广告体系和销售体系等。

图2-14　阿里巴巴的BUY⁺计划　　　　　　　　图2-15　腾讯的VR方案

虚拟现实基础与实战

图2-16　Tecent OS架构

与此同时，腾讯的硬件方案包含了当下VR硬件的三种形态：主机、PC、移动，集成了传感器和专用屏幕的HMD，主要服务于现有的mini主机（游戏盒子）和PC；面向普通用户的消费者版本产品，主要服务对象是便携主机；发展手机VR和一体机。与该硬件计划相对应，腾讯重新发布了Tecent OS（架构如图2-16所示），并宣布将它用于穿戴设备、自家游戏主机和未来的VR设备。腾讯希望搭建一个类似iOS、安卓的平台作为VR终端入口，通过提供相应的VR标准，借助更多的外部力量，以实现整个VR产业串联，用资源整合、SDK等接入开发者，用TOS连接硬件厂商，即腾讯承担连接的功能。

纵观腾讯接近20年的发展历史，前后10年分别是以QQ、微信作为平台入口，主要用游戏来连接用户和产品，过程中都是在软件层面做尝试。但是随着移动互联网的发展，入口正在发生变化，终端>OS>ROM>软件的现象开始慢慢显现。与Oculus以VR社交、索尼以游戏以及其他硬件厂商以HMD头显作为切入VR领域的入口不同，腾讯这次是以整个底层平台+硬件终端的形式进军VR。

（2）内容生成

VR系统的内容生成可以分为硬件与软件两个部分的工作。硬件主要是指创建虚拟场景、实时响应用户各种操作的计算机、摄像机、光学设备等。软件则针对应用方式的不同，分为360°全景拍摄设备或类似Unity的平台来开发。5.1节将会详细讨论内容制作过程，此处不赘述。下面简要叙述硬件部分的功能。

① 计算机　它是VR的心脏，也称之为VR的发动机。VR系统的性能优劣，很大程度上取决于计算机设备的性能。由于虚拟世界本身的复杂性及实时性计算的要求，产生虚拟环境的计算量极为巨大，这就对计算机设备的配置提出了极高的要求，最主要的要求就是计算机必须具备高速的CPU和强有力的GPU（Graphics Processing Unit，图形处理器）图形处理能力。根据该要求，计算机可分为手机、一体机、高性能个人计算机、图形工作站、巨型机和分布式网络计算机等形式。与手机和一体机相比，个人计算机的运算速度和图形加速卡绘制能力能满足VR中大多数实时性要求。其性能特征如下：

a. 强大的计算能力、卓越的VR三维图形处理速度和极高的性能价格比；

b. 开放易用、兼容性好、稳定性高和可升级性强；

c. 具有视景仿真和虚拟现实功能；

d. 高精度、高分辨率、高速逐行的三维立体图形现实输出。

以Oculus Rift为例，Facebook建议用户计算机要配备Nvidia GeForce 970或AMD Radeon290显卡，还有英特尔i5系列处理器、8GB内存和2个USB 3.0接口，推荐的最低配置如图2-17所示。

处理器：Intel i5-4590 或更高配置

显卡：NVIDIA GTX 970 / AMD 290 或更高配置

内存：8GB + RAM

成像：HDMI 1.3 视频输出

接口：2 个 USB 3.0 接口

系统：Windows 7 SP1 或更新版本

图2-17　Oculus Rift的推荐PC配置

什么样的个人电脑配置符合VR头显的要求？HTC Vive的官方游戏平台Steam VR提供了一个PC性能测试软件——Steam VR Performance Test，该性能测试软件通过一段时长约为2分钟、由Valve制作的《光圈科技机器人维修VR展示》来评估PC的整体性能，判断对应的硬件平台系统能否达到90fps的帧率，以及VR内容的视觉效果能否达到推荐水平。最终测试结果会分为未达标、合格以及达标，并根据测试结果，给出三种颜色线，绿色代表胜任，黄色代表差强人意，红色代表不能，并给出换CPU还是换显卡的建议。

未达标则意味着对应的平台存在着性能瓶颈，无法流畅使用VR头显；合格则意味着对应平台基本符合要求，但是表现差强人意；达标则意味着PC硬件满足VR头显的性能需求，用户可以获得较好的使用体验（图2-18）。对于无法流畅使用VR头显的PC系统，该工具还可以通过测试数据来判断系统的性能限制是来自于显卡还是处理器，以此协助用户升级系统。因此对于有意体验VR系统的玩家来说，这是一个实用性比较高的测试程序。

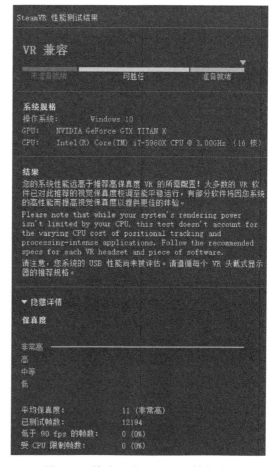

图2-18 针对PC的SteamVR兼容测试

② 全景摄像机 在云台上，全景摄像机的镜头前将景象完全清晰地展现出来，生成的真实图像或视频通过后期拼接、缝合等操作输出成可供VR浏览的视频。目前常见的全景视频类型可分为柱面或球形全景。球形全景是将球形的经度和纬度坐标，直接到水平和垂直坐标的一格，这个网格的高度大约为宽的2倍。因此从赤道到两极，横向拉伸不断加剧，南北两个极点被拉伸成了扁平的网格，在整个上部和下部边缘。球形全景可以显示整个水平和竖直的360°全景，整个过程如图2-19所示。

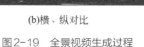

(a)球形全景的分解　　　　　　(b)横、纵对比　　　　　　(c)全景视频发布

图2-19 全景视频生成过程

(a)Google CardBoard外观

(b)Oculus Rift CV1外观

图2-20　两种典型头显

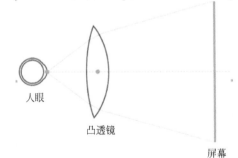

人眼

凸透镜

屏幕

图2-21　VR头显的模拟结构图

拍摄全景的设备具有如下特性。

a.所有的镜头，都可以拍摄360°三维全景，可以用手机、运动相机、数码相机、单反、微单等。但出于画质、商业用途等的要求，地面拍摄主要以单反/微单相机＋鱼眼镜头为主。航拍主要是多轴无人机＋自带相机或者用负重更大的飞机＋微单＋鱼眼/广角。

b.鱼眼镜头拍摄三维全景，主要是因为方便。因为8mm镜头的视角是180°，即便是15mm鱼眼镜头，在全幅机上对角线也可达180°，拍摄一个360°完整球形三维全景照片，少则仅三四张，最多十几张搞定。拍摄和拼接都很快捷方便。而"普通镜头"一般都在35mm以上，取景范围小于鱼眼镜头，拍摄360°一圈至少十几张，而且要多层拍摄才能够拍摄到天地。

c.镜头焦距越长，取景范围越小，需要拍摄的张数就越多，拍摄和拼接都需要更多的工作量。但它的优势也是明显的，镜头焦距越长，细节越清晰，拼接后整图的放大倍率越大。

究竟使用何种镜头，取决于需要。如想快捷生成，可用短焦距广角或鱼眼镜头；追求画质和细节，则用较长的焦距镜头。

全景视频拍摄的详细过程将在5.1.2节详细讨论，此处略去不表。

③ 光学设备　无论是廉价的VR体验设备——Google CardBoard一代［图2-20（a）］，还是获得"最佳硬件奖"的游戏设备——Oculus Rift CV1［图2-20（b）］，都是比较有代表性的HMD，是VR最核心的设备。究其核心，还是那些材料：一个塑料外壳、两个镜片和一个显示器。下面探究其中的原理。

图2-21展示一个典型的VR头显功能模拟，主要包括三个部分：人眼、凸透镜和OLED成像屏幕。国产的许多VR眼镜盒子（被称为人海VR）均是由屏幕、透镜和盒子组成，它们的体验效果非常差，容易使人晕眩。一款优秀的HMD应该具备如下两点的重要特征：

a.完全符合人体结构；

b.尽量轻便，降低存在感，也就是说，用户戴上与否无差别。

小型化问题目前不考虑，下面详细讨论第一点。要做好完全符合人体结构，或者说尽量地符合人体结构，至少有以下因素需要考虑：

a.人眼观察角度（也可以叫视场角，简称FOV——Field of View）；

b.人双眼之间的距离（俗称瞳距，简称IPD——Interpupillary distance）；

c. 人眼到镜片的距离；

d. 镜片到屏幕的距离；

e. 屏幕成像的大小计算；

f. 屏幕成像的反畸变；

g. 屏幕成像的渲染帧率；

h. 屏幕的刷新延迟；

……

除了上述这8点，还有其他更复杂的因素需要考虑，例如自动对焦、运动模糊等。下面侧重讨论如何做到上述要求。要设计一款优秀的HMD，首先要考虑VR的沉浸感从何而来？图2-22展示了视网膜成像原理。参照公式（2-1），通过视网膜成像，人眼观察着这个世界，因此VR通过凸透镜"欺骗"了眼睛。

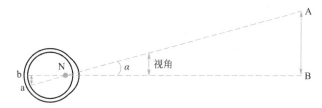

图2-22　视网膜成像原理图

$$\frac{物像大小AB}{成像大小ab} = \frac{物体与结点的距离BN}{像与结点距离bN} \tag{2-1}$$

图2-23很好地表述了一个观点：用户看到的世界不一定是真实的，以为看到的是红色的虚像世界，实际上所看到的，只是蓝色屏幕中的一方天地。为什么需要一块透镜？尝试一下，如果伸出一根手指，放在你的眼前1cm，你会发现看不清手指。人眼的成像是有距离的，透镜为了将近距离的图像放大成一个虚像，需增加成像距离。根据图2-23，很容易得出如下结论：

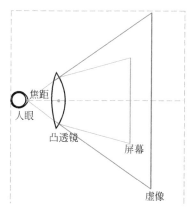

图2-23　视网膜成像原理图

a. HMD不能漏光，一旦漏光，就没有沉浸感了；

b. 人眼到镜片最合适的距离，就是镜片的焦距稍稍往前，由此可以知道，镜片尽量设计到焦距够小（便于镜片覆盖眼睛）；

c.屏幕到透镜的距离和镜片的散射角度有关（参考一下蓝线倾斜即可）；

d.最理想的状态是，人眼观察角度与红线部分重合（基本上不可能达到理想状态，因为HMD是固定的，而人与人的眼睛是不同的）。

根据这四点结论比较容易判断，合适的镜片至关重要，直接决定了HMD的最终质量。因此，各大公司推出多种VR的光学镜片，例如菲涅尔镜片（Fresnel lens）、光场镜片等。要设计出一款足够好的镜片，需要重点关注下述参数：

- 视场角（FOV）；
- 符合人眼构造的成像系统；
- 清晰度。

对视场角的设计，有一种主流的看法是：合理范围内，视场角越大越好。"合理范围内"可以理解为：一是没有导致明显的透视变形；二是尽量达到人眼最大视场角。由于人的眼珠是可以转动的，单眼最大理论视场角在150°左右。那么，FOV要达到150°吗？其实FOV大小还跟屏幕分辨率有关，当分辨率不足够的时候，FOV越大，会导致纱窗效果越明显。计算也很简单，只需要计算观察范围面积（通过FOV和观察距离），再用屏幕像素/观察面积，就能够得到每平方厘米有多少个像素。单位范围内像素越小，效果越差。因此，在目前大部分设备上，视场角并不是越大越好，普遍在90°～100°，最高的也就是110°左右。

符合人眼的成像系统，在3D图形学中，透视投影变换主要是三个矩阵：World、View和Projection。前两个是坐标变换，不在讨论范围，第三个是投影变换。但是，在普通3D场景中，投影变换不是针对人眼视网膜，而是面向计算机显示器窗口，所以，该矩阵的计算参数一般有：Y方向FOV、窗口宽高比、最近和最远可视距离。在VR中，采用这种方式效果将不够理想，因为这并没有符合人体结构。大家可以做一个小实验：尝试闭上一只眼睛，然后只用一只眼睛，尽力前后左右看，会觉得是一个正射投影吗？也就是说，上下左右看到的角度大小是一样的吗？很显然，基本能够确定上下左右能观察到的范围并不对称，这才是真正的人体结构。因此，计算的投影矩阵，理想状态下不能是正矩阵。Oculus的眼睛数据：上、下、左、右角度分别为41.65、48、43.98和35.57。那么，这个角度范围就是最理想的范围吗？答案为：不是。既然不是（正常人平均值大概是56、74、91、65），作为VR界的翘楚，Oculus为什么不直接用最合适的范围角度？很简单，问题在于光学镜片的设计，光学镜片并不能为所欲为地设计这个视场角（还有一个原因是屏幕分辨率），所以现在的VR大热，菲尼尔镜片应运而生。菲尼尔镜片可以实现清晰度、畸变等处理。

以上介绍了镜片的一些重要的参数和合适设计。

（3）播控平台

当前VR内容发展的两大制约因素：一是制作成本高昂；二是高分辨率与刷新率的内容传输对带宽要求极高。按照游戏和视频应用，VR的播控平台将呈现出游戏和视频资源分发平台的两种途径。

VR游戏平台的发展类似于移动App应用商店，本质上是一个平台，用以展示、发布和下载手机或PC适用的VR软件或资源。在苹果应用商店未出现之前，受以下因素的局限：其一，网络环境还没有成熟，下载应用等待时间长而且资费巨大；其二，手机硬件限制，在iPhone之前的手机基本是按键式操作，手机屏幕小、屏幕分辨率低、处理能力不高，在手机上只能运行一些很简单的应用；其三，参与者缺乏热情，虽然部分平台接口面向大众是开放的，但是在业绩分成方面，运营商稳拿大头，开发者的投入与产出相差悬殊，以致资本不愿投入进来。当前，谷歌 Daydream 中的 Play 商店、HTC 的 VIVEPORT 商店均提供了许多 VR 游戏案例。

VIVEPORT 上线之前，HTC Vive 用户获取应用的途径则是通过其合作伙伴 Steam 平台，主要内容为游戏。作为 HTC Vive 的专属应用商店，VIVEPORT 覆盖了多样化的 VR 应用程序，除了常规的游戏应用之外，还包括教育、设计、艺术、社交、视频、音乐、运动、健康、时尚、旅游、新闻、购物及创意工具等领域的内容，如图 2-24 所示。用户可以使用 HTC Vive 头显、浏览器、手机等不同的设备，访问应用商店并下载内容。应用商店上的应用不具有排他性，其他平台的用户都可使用该平台开发者提供的应用程序。VIVEPORT 应用商店的审核流程大致分为验证提交材料、满足舒适度要求、验证无不当内容以及通过功能及能效测试几个方面。目前已上线多款应用。

图 2-24　VIVEPORT 应用界面

VR 视频播放平台方面可参照广电集成播控平台，它是在新媒体产业大发展的环境下，由广播电视机构负责内容播出的控制和管理平台，包括内容管理、鉴权管理、计费、用户管理等功能。在 VR 领域"内容为王"的趋势下，广电机构凭借本身优势无疑具有相当的优势。因为广电机构的内容安全可控，同时拥有大量第一手的优质资源，包括精良的采集设备、专业采编队伍及内容制作团队等。在传输渠道上，广电机构采用广播式传输，传输方式是点对面，可容纳多并发流访问，具有大带宽、低延时、低掉包率、运营服务较好等优势，保证高画质 VR 内容流畅传输。如果要传播 4K 的视频，按照 H.264 压缩技术，传输速率需 60 帧/秒左右，带宽需要 120M 左右，目前只有广电网络能够做到并投入商用。此外，新一代智能机顶盒不仅可以对原生 4K VR 内容进行高品质编解码，其智能网关还能将传输信号以 IP 信号的形式传输至智能手机或 VR 头显，也就是说，以后直接将有线电视射频线接入头显就可以看 VR 电视节目。图 2-25 展示了一种 VR 融合综合延展方案说明，图 2-26 展示的则是沉浸式 VR 直播流程图。

图2-25　VR融合综合延展方案说明

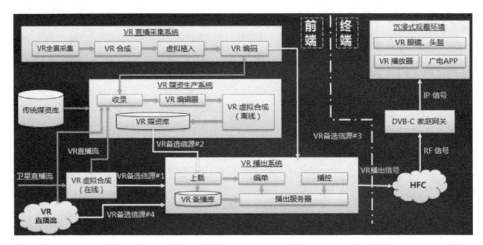

图2-26　沉浸式VR直播流程图

2.2　虚拟现实的输入

2.2.1　输入技术的介质：从键盘鼠标到各种传感器

在PC时代，人们要操作和使用计算机，首先就要和机器进行信息交流。通过周边设备如鼠标和键盘，可以将信息传递给计算机，而计算机在屏幕上展示软件对象，则是把信息传递给用户。伴随着计算机的发展，人机交互也在不断进化，硬件上从早期计算机使用的穿孔卡片，到键盘、鼠标、手写板，单点触控和多点触控，再到3D体感控制器等；软件上则从命令行到图形用户界面（GUI），到手写识别、语音控制和视觉交互等。进化的总体趋势就是让交互方式更接近于人类自然交流方式，从键盘鼠标输入变为以传感器为基础的手势、人体动作、语音甚至是感知方式。VR下的互联网，内容的展示打破了屏幕的限制，使用者面对的是一种游戏化、场景化的互联网。原来基于键盘和鼠标的交互形式很难在 VR 环境下继续下去，因为使用者借助 VR 已经在赛博空间获得了自由的头，他们的躯体也渴望着同样的自由。

（1）GUI 和鼠标的诞生

在人机交互发展的历史上，GUI 和鼠标、键盘的发明都称得上是重大的突破。人机交互的重要原则是用户至上、尽量减少用户记忆负担和保持一致性，GUI 提高了易用性和学习效率，鼠标则提高了操作性，它们的出现改进了计算机的可用性。

1970 年，施乐在帕洛阿尔托建立了一个研究数字技术的研究中心（Xerox Palo Alto Research Center，PARC）。PARC 于 1973 年推出了第一种使用 GUI 的施乐 Alto 计算机（图 2-27），虽以今天的眼光看简陋至极，但用户所熟悉的 GUI 就是从如此古朴原始的界面发展而来。

图 2-27　第一台使用 GUI 的个人计算机

而鼠标的来历则要复杂一些，麻省理工电子工程博士 Ivan Edward Sutherland 创造了最早的交互式图形系统 Sketchpad，工作原理是：使用手持物体如光笔在计算机屏幕表面移动，通过一个光栅系统测量笔在水平和垂直两个方向上的运动，在屏幕上重建笔移动所生成的线条、点和圆弧，这些图形对象可以任意处理和操作，创建的图形随后存入内存，可以在以后重新调用进行处理。它开创了计算机辅助设计（Computer Aided Design，CAD）新领域，为计算机图形学带来了重大突破，人机交互方式从此彻底发生改变。Sutherland 也因此于 1988 年获得 ACM 颁发的计算机界的最高奖——图灵奖。

在 Sketchpad 的启发下，SRI 的 Douglas C. Engelbart 设计和开发了首个使用鼠标（只有一个按键）的计算机协作系统（oN-Line System，NLS），于 1968 年 12 月 9 日在旧金山公开展示，它包含了第一个实用的鼠标，研究人员还演示了超文本、目标寻址和动态文档链接，以及两个位于不同地点用户之间的联网语音和视频对象。Engelbart 在 1970 年获得了"用于显示的 X-Y 位置指示器"专利。因指示器有一个类似老鼠的长尾巴而取绰号为"鼠标"。

随后，施乐在 1981 年推出了 Xerox Star，这是第一个结合鼠标、GUI、图标、文件夹、以太网网络、所见即所得编辑器、文件服务、打印服务和电子邮件的商业计算机工作站。由于价格昂贵，该设备未能打开市场，施乐最终退出了个人电脑市场。真正把鼠标和 GUI 带给一般用户的则是苹果公司。

（2）多点触控

鼠标和计算机键盘诞生几十年来，它们在人机输入设备的统治地位从没发生动摇，但最近一两年，却不断有人提出鼠标将被淘汰的说法，这一切源于多点触控（Multi Touch）的流行。多点触控是指触感表面能识别其上的两个以上点的压力，能支持缩放等丰富动作。其实触控操作并非新鲜概念，其历史比个人电脑还要长。

触控屏实际研究开始于20世纪60年代，早期工作主要由IBM和多所大学完成。欧洲粒子物理研究所是最早实现互容式多点触控显示的研究机构之一。而多点触控技术起步于1982年，多伦多大学输入技术研究组研发出第一个人机输入多点触控系统，它利用玻璃平板之后的摄像机识别多个手指的压力。1983年，贝尔实验室的Murray Hill全面讨论了基于多点触控的用户界面，称之为"软机器"；1984年，他的团队发明了第一种多点触控显示屏，在CRT（Cathode Ray Tube，阴极射线管）上覆盖一层透明电容触控传感器阵列。1985年，多伦多大学团队开发出第一种多点触控显示平板。技术突破出现于1991年，Pierre Wellner提出了多点触控的"数字桌"系统，支持多个手指和缩放。1992年，PARC的Bill Buxton将多点触控板整合到键盘底部，今天的笔记本基本都采用这一设计。今天，几乎所有的新智能手机和平板电脑都采用了多点触控的设计。

（3）Kinect体感控制器

微软在人机交互上亦有着令人瞩目的表现，它取得突破的硬件是游戏机Xbox 360外设Kinect。或许是因为竞争激烈，游戏机产业是一个常常推出创新型交互硬件的行业，如任天堂的Wii遥控器、Wii动感强化器（Wii Remote Plus）、索尼的PlayStation Move动作感应控制器、PlayStation Eye等。

Kinect是第一款使用姿态和语音控制人机界面的消费电子产品，在人机交互上比Wii更前进一步，摆脱了控制器和手柄的限制，让玩家可以通过自然方式如身体动作和声音控制与游戏交互，结合了软件和硬件去追踪三维空间中人体的姿势和声音。通过多个传感器捕捉人的动作和声音，包括RGB彩色摄像头、3D深度传感器和多阵列麦克风。底座装有电机，使得Kinect可以随着焦点人物而转动，在软件协助下提供人体动作捕捉、面部识别和语音识别功能。它的软件主要由微软子公司Rare开发，3D扫描系统Light Coding由以色列公司PrimeSense提供。Kinect能同时跟踪可视范围中的6个人，主动跟踪其中两个活动的人，对每位玩家的20个关节进行活动分析和特征提取。Kinect普及了实验室和电影中的身体动作捕捉，为虚拟现实、增强现实的各种感知应用开启了大门。

（4）语音助手

苹果在2010年4月收购了为iPhone和iPod Touch开发虚拟个人助手的创业公司Siri。基于人工智能的语音识别的语音个人助手并不鲜见，也并非苹果所独创，Android同样有类似的程序，如Voice Actions和Sonalight、科大讯飞语音助手。苹果的独到之处是与其产品的深度整合，改变了用户与机器的交互方式。语音是人类最早学习到的技能之一，把与手机的对话变得像私人助理那样轻松愉快，比在桌面上点击鼠标更自然，无疑具有深远意义。

Siri需要访问苹果的服务器，利用云端的计算能力处理数据，因此在美国之外它的功能受到限制。通过与系统的深度整合，Siri可以根据需要调用各种应用程序的API（应用程序接口），让用户觉得它似乎真的十分智能。它能让用户直接通过语音接收、编辑和发送信息，查询交通信息和天气情况，设定闹钟和计时，安排日程和提醒，调用Google和Bing搜索Web，调用知识引擎Wolfram Alpha解答复杂的数学问题和其他问题，用户体验远胜于网上打字聊天。

（5）感知方式

VR中人机交互未来无疑将更深入、更自然和更全面，用户可以在同一时刻通过终端中内嵌的多种传感器（如语音、手势、姿势、眼动等），不通过传统的键盘与鼠标，就能感知到用户想干什么，可为用户带来更具有沉浸感的体验。譬如，麻省理工学院媒体实验室研究人员开发了可穿戴式姿态控制界面，将周围的环境变成可交互的触摸界面，它由摄像机、微型投影机、镜子以及微型计算机组成，可将图像投影到任意表面，将环境和信息结合起来，通过无线网络识别商店货架上的商品，提供商品和价格对照表，或将图像投影到空中并通过手势进行操作。

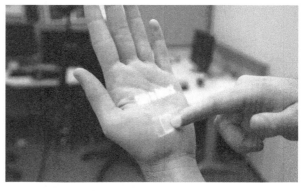

图2-28　能将身体部位转变成触控界面的OmniTouch

微软研究院和卡纳基梅隆大学合作开发了一款可穿戴式交互系统，图2-28表示了OmniTouch的界面。它能将身体部位和附近表面转变成触控界面，用户可以通过触摸他们的手臂和附近墙壁或纸张阅读和回应电子邮件。该系统概念验证原型包含了一个深度场摄像机和基于激光的微型投影仪。在6048次手指点击测试中，系统的正确识别率达到了96.5%。其可能应用包括在桌面上投影完整键盘，对投影在纸上的地图进行缩放操作等。

在追踪交互领域，传感融合与三维注册建模成为发展趋势。多传感器信息融合，实际上是对人脑综合处理复杂问题的一种功能模拟。与单传感器相比，运用多传感器信息融合技术解决探测、跟踪和目标识别等问题，增强采集数据可信度及精度，扩展数据采集的空间覆盖率，是数据采集技术的发展重点。目前，英特尔推出的Realsense、微软的Hololens、Google的Project Tango基于一系列摄像头、传感器和芯片，能实时为用户周围的环境进行三维建模，从而为VR设备加入类似人类对空间和运动的感知能力。

2.2.2　虚拟现实的空间定位与追踪：从IoT到OiT

2016年，三大VR厂商分别推出了自己的VR平台Oculus Rift、HTC Vive以及索尼PlayStation VR。这三款产品不论是硬件性能、平台规模还是资源，都拥有极高的水准。在交互方面，三巨头都采用了光学追踪定位方案：Oculus采用了Touch手柄和房间级空间定位方案，HTC Vive采用LightHouse系统，PSVR与PS Camera配合能够实现空间定位。

目前主流的VR交互方式有三种：Inside-in、Outside-in和Inside-out。Inside可以形容为"猎手"，比如记录光学信息的摄像头或者记录惯性信息的陀螺仪；Out则可以视作"捕猎目标"，比如光学mark点；而In和Out则表示"猎手"和"目标"是否在定位对象（比如人或者VR头显）上面。下面简要介绍这三种方案。

（1）Inside-out

该方案将相机等传感器装在终端上，用来感知外界的环境。它被广泛应用于机器人的机械视觉以及虚拟与增强显示终端（如Hololens等）的手势识别上。例如，SLAM等公司将相机装在机器人身上，对机器人周边的光学环境进行采集、处理，再与机器人的实际位置联系起来，实现自主导航。该方案的好处是不需要在外界设置摄像头，可以减少场景的限制。但是由于只能识别头部动作，加上体积、续航等领域存在问题，因此它更适合于移动VR这种轻交互形态。

（2）Inside-in

该方案将传感器和定位点都放在目标身上，最典型的就是惯性动捕：让人穿上惯性捕捉设备来记录人体的移动，或者移动VR中头显、手机里的陀螺仪设备记录头部的六自由度移动。该方案的好处是不依赖于外界的设备，更加自由，但缺点是没有位置信息，只能记录移动的轨迹，而目前所有的陀螺仪设备都有累积误差，会导致人在VR中移动的时候"走偏"。

（3）Outside-in

该方案则是将相机放在外头，mark点贴在人体或者头显上面。这种方式精确度更高，但缺点是一方面要借助外面的摄像头，对空间要求更大；另一方面则是相对成本更高。目前的技术都不完美，对于固定场景的VR，该类型的方案目前看起来相对成熟，并且随着市场的发展，困扰这套方案最大的问题——摄像头的成本也会逐渐降低。

VR室内定位技术可以定位VR头显及手柄等设备在空间的实时位置，令VR设备不仅能更好地提供沉浸感，产生的眩晕感也会大幅降低，整个画面可以像现实世界中一样根据用户的移动而动起来。因此室内定位技术对于VR终端非常重要。

HTC Vive所用的LightHouse技术属于激光定位技术，Oculus Rift是红外主动式光学技术，索尼PlayStation VR则是可见光主动式光学技术。后两者所用的定位技术都属于光学定位技术。

（1）HTC Vive的LightHouse室内定位技术

HTC的LightHouse室内定位技术依靠激光和光敏传感器来确定运动物体的位置（图2-29）。两个激光发射器被安置在对角，形成大小可调的长方形区域。激光束由发射器里面的两排固定LED灯发出，每秒6次。每个激光发射器内有两个扫描模块，分别在水平和垂直方向轮流对定位空间发射激光，扫描定位空间。HTC Vive头显和手柄上有超过70个光敏传感器。通过计算接收激光的时间来计算传感器位置相对于激光发射器的准确位置，通过多个光敏传感器可以探测出头显的位置及方向。定位过程中光敏传感器的ID会随着它接收到的数据同时传给计算单元，也就是说计算单元可以直接区分不同的光敏传感器，从而根据每个光敏传感器所固定在头显和手柄上的位置以及其他信息一起，最终构建头显及手柄的三维模型。

图2-29 LightHouse定位示意图

激光定位技术具有成本低、定位精度高、可分布式处理等优势，且几乎没有延迟，不怕遮挡，即使手柄放在后背或者胯下，也依然能捕捉到。可以说激光定位技术在避免了基于图像处理技术的复杂度高、设备成本高、运算速度慢、较易受自然光影响等劣势的同时，实现了高精度、高反应速度的室内定位。此外，相比于其他两个产品，HTC Vive能够允许用户在一定的空间内活动，对使用者来说限制小，能够适配需要走动起来的游戏。不过由于HTC Vive的激光发射基站是利用机械控制来控制激光扫描定位空间的，而机械控制本身存在稳定性及耐用性较差的问题，因此造成HTC Vive的稳定性和耐用性稍差。

（2）Oculus Rift 的定位技术

Oculus Rift设备上隐藏着一些红外灯（图2-30），即Mark标记点。它们可以向外发射红外光，并用两台红外摄像机实时拍摄。红外摄像机就是在摄像机外加装红外光滤波片，只能拍摄到头显以及手柄（Oculus Touch）上的红外灯，从而过滤掉头显及手柄周围环境的可见光信号，提高获得图像的信噪比，增加系统的鲁棒性。获得红外图像后，将两台摄像机从不同角度采集到的图像传输到计算单元中，再通过视觉算法过滤掉无用的信息，从而获得红外灯的位置。再利用PnP算法（即利用

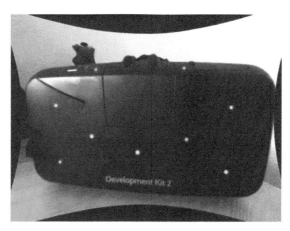

图2-30　Oculus Rift上的红外标识点

四个不共面的红外灯在设备上的位置信息），四个点获得的图像信息即可最终将设备纳入摄像头坐标系，拟合出设备的三维模型，并以此来实时监控玩家的头部、手部运动。

如果需要知道不同的红外灯在设备上的位置信息，就必须能够区分不同的红外灯，具体方案为：通过红外灯的闪烁频率来告诉摄像头自己的ID；通过控制摄像头快门频率与每一个LED闪烁频率，可以控制图片上每个红外灯所成图像的大小规律，然后利用连续10帧的图像中每一个点的大小变化规律来确定LED灯球所对应的ID号，再根据该ID号就可以知道该红外灯在设备上的位置信息。

此外，Oculus Rift还配备了九轴传感器，在红外光学定位发生遮挡或者模糊时，利用它来计算设备的空间位置信息。由于九轴会存在明显的零偏和漂移，在红外光学定位系统可以正常工作时，又可以利用其所获得的定位信息校准九轴所获得的信息，使得红外光学定位与九轴相互弥补。因此，这种主动式红外光学+九轴定位系统精度较高，抗遮挡性强。由于其所用的摄像机具备很高的拍摄速率，并且由于该类系统总是能够得到标记点在当前空间的绝对位置坐标，所以不存在累积误差。但是由于摄像头视角有限，因此该产品的可用范围有限，会在很大程度上限制使用者的适用范围，因而无法使用它来玩需要走动等大范围活动的VR游戏。也因此，虽然Oculus Rift可以支持多个目标物同时定位，但是目标物不可过多，一般不超过两个。

（3）PlayStation VR 的定位技术

PlayStation VR设备采用体感摄像头和类似之前PS Move的彩色发光物体追踪，定位人头部和控制器的位置（图2-31）。头显和手柄上会放LED灯球，每个手柄、头显上各装配一

个。这些LED光球可以自行发光，且不同光球所发的光颜色不同，这样在摄像头拍摄时，光球与背景环境、各个光球之间都可以很好地区分。PS3原本采用单个摄像头，通过计算光球在图片中的半径来推算光球相对于摄像头的位置，并最终确定手柄和头显的位置，但是单个摄像头定位的精度不高，鲁棒性不强，有时会把环境中的彩色物体识别成手柄，有时阳光比较强烈的时候还会不起作用，因此PS4采用了体感摄像头，即双目摄像头，利用两个摄像头拍摄到的图片计算光球的空间三维坐标。具体原理：从理论上说，对于三维空间中的一个点，只要这个点能同时为两部摄像机所见，则根据同一时刻两部摄像机所拍的图像和对应参数，可以确定这一时刻该点在三维空间里的位置信息，如图2-32所示。

图2-31　PlayStation VR设备示意图

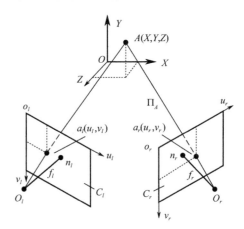

图2-32　PlayStation VR设备定位原理图

应用体感摄像头后，PS4的定位精度、鲁棒性有了很大提高。确定好三维坐标，即X、Y、Z三个自由度；PS系列采用九轴来计算另外三个自由度，即旋转自由度，从而得到六个空间自由度，确定手柄的空间位置和姿态。

通过上面所述可知，PS能够支持多个目标同时定位，并以不同的颜色来区分。但是由于PS的抗遮挡性较差，一旦多个人使用，互相发生遮挡，则定位马上受到影响。而且受限于双目摄像头的有效范围，PS只能在摄像头可用范围内活动，基本上只能坐在主机前使用。虽然采用了双目摄像头，但是由于依然采用可见光定位，所以很容易受到背景颜色的影响。此外，根据用户体验结果反映，在较快动作的情况下会出现摄像头的捕捉跟不上的问题。

最后，通过表2-2来对比查看三种产品定位技术的优劣势。

表2-2　三种产品定位技术的优劣势

产品名称	Oculus Rift	PlayStation VR	HTC Vive
定位精度	较高	较差	高
抗遮挡性	较强	较弱	强
稳定性和耐用性	强	强	弱
抗光性（自然光）	较好	较差	较好
多目标定位	可以实现，但数目不可过多	可以实现，但数目不可过多	可实现且无限制
可移动范围	小	小	大

第3章

虚拟现实的用户终端

3.1　用户终端的产品定义

　　根据接入终端的不同，业内将VR头戴硬件设备粗略地分为三种：连接PC/主机使用的称为VR头盔，插入手机使用的称为VR眼镜（或眼镜盒子），可独立使用的称为VR一体机。

　　当今沉浸式VR头显设备可划分为三种：移动端头显、PC/主机VR和移动VR一体机头显。移动端头显只要放入手机，在手机中下载相应的APP即可方便地观看；主机头显则需要连接电脑或游戏主机才能观看；一体机头显具有独立CPU、GPU、输入和输出显示功能，无需其他设备就可以体验。下面分别介绍这三种方案。

3.1.1　移动端头显

　　移动端头显也被称为VR眼镜盒子，将手机插在设备上，利用手机的屏幕来显示内容。与高端头显对PC性能要求很高相比，移动端头显将技术与内容的问题完全交给智能手机来处理。由于其便携、低价和方便使用的特点，加上厂商的大力推广，迅速成为主流VR产品，是现在市面上最流行、销量最高、普及率最广的VR头显。

　　三星Gear VR［图2-3（a）］与同类产品相比，无论在流畅度、帧数、刷新率，还是视场角（Field of View，FOV）等诸多方面，都有不错的表现，通过深度定制的Android系统，结合算法，将延时降到20ms，成为当前体验最好的移动端VR头显。但由于内置了陀螺仪、控制器、对焦轮等设备，在Android系统层面进行的优化，令它必须与三星的几款旗舰手机配合使用。虽然售价仅为99美元，考虑到手机的成本，三星Gear VR的费用并不低。国内一众厂商的移动端VR头显（如暴风魔镜等），凭借人民币200元左右的售价，开放的适配平台，国产手机巨大的市场保有量，当仁不让地占据了移动端VR头显的主流。

　　谷歌在2014年I/O开发者大会期间推出了Cardboard，通过硬纸板加镜片组装成的简易设备，图3-1展示了其组装过程。要使用它，用户还需要在Google Play官网上搜索Cardboard应用，先下载安装约为70MB的App；使用时，可以将用户手机里的内容进行分屏显示，两只眼睛看到的内容有视差，从而产生立体效果。通过使用手机摄像头和内置的螺旋仪，在移动头部时能让眼前显示的内容也产生相应变化。该App可以让用户在VR情景下观看YouTube、谷歌街景或谷歌地球。Cardboard是一款既简单又便宜的产品，可以兼容多款移动手机设备，但它没有太多的控制功能，因此体验受到了限制。

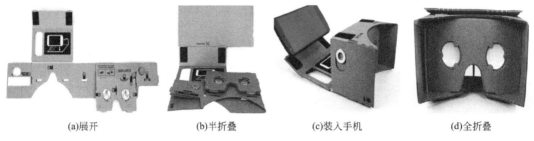

| (a)展开 | (b)半折叠 | (c)装入手机 | (d)全折叠 |

图3-1　Google Cardboard组装示意图

谷歌在2016年I/O开发者大会期间推出了新的VR平台Daydream，包含三个部分：核心的Daydream-Ready手机和其操作系统，配合手机使用的头显和控制器，以及支持Daydream平台生态的应用，图3-2为10月推出的Daydream View的整体套装。该平台实际是制定了一套VR标准，对于硬件制定了具体标准以及系统层面的优化，给予手机生产商和芯片制造商一个参考标准。硬件标准的限制，会将体验差的Android智能手机直接排除在谷歌VR之外，Android N软件的优化在进一步改善用户体验的同时，与Daydream控制器一起构成了移动端VR的交互解决方案。控制器集成了陀螺仪、加速计、磁力计、触摸板、按钮以及方向传感功能，能够感知到手腕和手臂的微小运动。与Cardboard相比，它支持更多的输入方式，但目前支持这一标准的手机数量不多，仅包括谷歌的两款Pixel手机、华为Mate 9 Pro等。

图3-2　Daydream View套件

在Google Play上为其VR界面增添了名为Daydream Home的应用中心，用户可以下载到相应的VR内容，譬如《纽约时报》《华尔街日报》以及CNN等新闻媒体；Hulu、HBO、Netflix等视频提供商和NBA、MLB等体育赛事联赛，以及IMAX的电影片源。当然这个平台也会联合如Ubisoft、EA等游戏厂商提供游戏内容。应用中心还承担了应用、分发和推荐的责任，用户可以在主界面中看到应用推荐——这些应用都是基于用户的兴趣而推荐的。与一般推荐位不同的是，它利用了VR的沉浸特性，用户可以在推荐位中预览推荐应用的360°视频或图片。应用中心也可以视为Google Play在VR上的延伸，它与Google Play的支付已经打通，用户可以在Daydream中进行付费内购或者在Google Play上进行购买。

综合比对主机端和移动端，移动端头显的优劣势非常明显。移动端的便携、低成本是其天然优势，但体验效果不佳又是它的致命硬伤。移动端头显可以在必备功能上搭配并不昂贵的VR硬件来体验，在这一点上拥有巨大的优势，对于VR前期的市场教育，将会发挥至关重要的作用。但它也存在诸多问题：首先是眩晕问题，普通人佩戴上后，如果做不到Oculus提供给Gear VR的技术实现20ms以内的延时，几分钟内就会眩晕；其次是应用方式单一的问题，目前除了观看VR视频，基本无法实现其他诸如VR游戏、VR社交等功能。

移动端头显虽有诸多不足，但这些都可以慢慢改正，硬件上的缺陷也会越来越小。如果能够修正上述不足，改进用户获得的体验，移动端头显称王也不是不可能。

3.1.2 移动VR一体机

主机端头显的优势在于较高的性能，但受限于使用场景和价格；移动端头显的优势则在于低成本和便携性，但在性能、散热等问题上有较大的阻碍。一体机头显是指具备独立的显示设备、计算单元和存储组件，无需外接设备即可独立运行的VR头显，此类产品兼顾机能与便携性，对制造工艺要求较高。如果要实现主机端水平的体验，必然要花费更高的成本，那就失去了价格的优势，而以目前的技术水平，一体机头显体验无法达到主机端的水平。随着人们的生活水平越来越高，消费能力越来越好，尤其对于重度玩家来说，消费意愿强烈，追求极致体验，注定会选择主机端头显。轻度玩家消费能力有限，为尝试新科技带来的全新体验，一般会选择移动端头显。现在市面上一体机头显的产品定位较为模糊，功能相比主机端头显具有差距，而便携性和性价比相对于移动端头显又稍低，较适用于兼顾性能和设备便携性的用户。但当前市场上产品较少，玩家选择不多，这就导致一体机头显处于尴尬的境地。一体机头显的代表厂商有IDEALENS、大朋M2、微鲸、博斯尼VR一体机等。表3-1展示了部分主流一体机关键性能配置信息对比。

表3-1　部分主流一体机关键性能配置信息对比

产品	大朋M2	博斯尼VR一体机	IDEALENS K2	PICO Neo
CPU	SAMSUNG Exynos7420	瑞芯微3288	SAMSUNG Exynos7420	高通骁龙820
GPU	Maili-T760	Maili-T760	Maili-T760	Adreno 530
内存	3GB	2GB	3GB	4GB
存储	32GB	8～16GB	32GB	32GB
系统	DPUI基于Android	Android5.1	IDEAL OS基于Android	未公布
镜片	PMMA透镜	光学镜片	光学镜片	光学镜片
刷新率	60/70Hz	80Hz	60Hz	未公布
延迟	19.3ms	未公布	<17ms	<30ms
视角	96°	100°	120°	102°
分辨率	2560×1440	2560×1440	2×1080×1200	2×1080×1200
电池	3000mA·h	4000mA·h	3800mA·h	5000mA·h
售价	2999元	1699元	3499元	3399元

2016年5月，IDEALENS K2在西雅图正式面向全球发布，视场角高达120°，搭载了两块低余晖AMOLED屏幕，刷新率达90Hz，整体延时控制在17ms内。图3-3（a）为其套件形式。2017年CES（消费电子展）上展示了IDEALENS K2 Pro：搭载三星顶级的Exynos 8890定制版VR处理器，与标准版相比，提升了GPU和CPU的核心频率，减少了CPU核心数量，单任务的图形渲染能力得到大幅增强，在维持低功耗的同时可更好地满足VR产品的性能需求。此外，IDEALENS还展出了自主研发的VR显示器和位置追踪系统［图3-3（b）］，拥有高达180°的超大视场角和8K级的屏幕分辨率。

(a)IDEALENS K2一体机   (b)IDEALENS K2定位器

图3-3 一体机头显产品示意

AMD联手Solun推出了名为"Sulor Q"的Windows 10系统的VR一体机头显。这款无线全功能VR空间头显方案，采用空间追踪技术，2560×1440分辨率，OLED显示屏，采用AMD最新发布的FX-8800P处理器及Radeon R7显卡；音效采用Astound Sound，拥有视场角为110°，支持手势交互。

IDEALENS K2 Pro的发布和Sulor Q的问世，为一体机头显市场带来一丝曙光。这两款产品的出现，标志着一体机头显在技术上已经取得了长足进步，能够给玩家带来更好的VR体验，在成本变化不大的前提下，很有可能成为一体机头显在市场上的突破口。一体机头显的优势是非常明显的：

① 成本低，与主机端头显相比，集成度高，在硬件供应链上大部分能与智能手机共用，具备完善的、低成本的硬件供应链，价格亲民；

② 可移动、便捷易用，计算处理性能方面优于移动端头显；

③ 基于Android的开放基因，随着Daydream标准的发布，将更有助于移动VR体验的统一。

在如此明显的优势条件下，一体机头显需要的是一个具有技术上革命性的、体验上颠覆性的、市场上引领性的品牌。虽然AMD、谷歌、腾讯等公司都宣布将着手于VR一体机的研发，但就目前发展程度来看，要达到理想的VR效果，还有很长的路要走。

3.1.3 PC/主机VR

搭配外接计算设备（如PC、家用游戏主机、其他职能设备等）使用的VR头盔技术发展得相对成熟，已基本具备强大的终端运算能力和出色的沉浸式体验，在所有VR硬件产品类别中占据主流地位。主机端头显是目前市面上巨头大厂的主流产品，曝光度、用户看好度都是最高的，配置高、体验效果佳，极为贴合VR概念。代表性产品为Oculus Rift、HTC Vive、索尼PlayStation VR、基于微软Windows Holographic平台的联想VR头显以及国内的蚁视头盔、大朋头盔等，如图3-4所示，无论是硬件性能、平台规模还是资源，都拥有极高的水准，硬件设计上较为相似，比如Oculus Rift和HTC Vive均配备了单眼分辨率1080×1200像素的OLED显示屏、视场角110°、刷新率90Hz，Oculus Rift的屏幕比例为16∶9，HTC Vive则为9∶5；PlayStation VR的屏幕分辨率略低，为960×1080像素，视野率则是100°，但刷新率高达120Hz；联想VR头显屏幕分辨率较高，配备了1440×1440像素的OLED显示屏，拥有六方向自由度的Inside-out追踪功能。

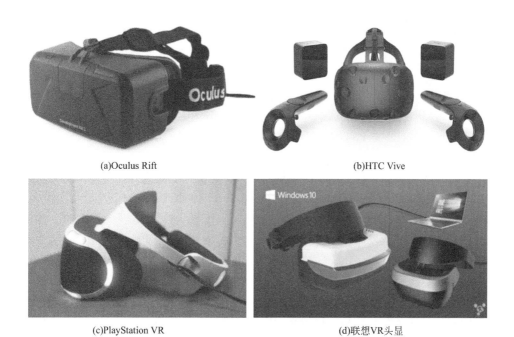

(a)Oculus Rift　　　　　　　　　　　　　　　　(b)HTC Vive

(c)PlayStation VR　　　　　　　　　　　　　　(d)联想VR头显

图3-4　主机端头显典型性产品

　　前三款头显集成了头部运动追踪、位置追踪系统，其中Oculus Rift和PlayStation VR使用单个动作感应摄像头来识别用户运动，需要将摄像头放置在用户正前方；而HTC Vive则另辟蹊径，头显上集成多达37个LED传感器，能够与安装在房间中的两个传感器构成一个动作捕捉空间，从理论上能够更精准地识别用户微小的动作。联想VR头显前部有两个摄像头，可以进行内外位置的双向跟踪，所以不需要再设置外部传感器。操作方面，HTC Vive和Oculus Rift均拥有独家控制器。值得一提的是PlayStation VR支持PS4及PS Move体感手柄，对于PS主机玩家来说可以节省一些成本。

　　目前来讲，这些VR头显都基本解决了眩晕、模糊问题，显示效果也相差不大，相对来说HTC Vive的空间动作捕捉系统获得了更多好评。VR发展初期，游戏无疑是最佳的展现形式。其中，Oculus Rift和HTC Vive均支持PC平台，而PlayStation VR则支持索尼的PS4游戏机，这似乎又是一场PC和主机之争。有趣的是，据GDC最新数据显示，Oculus Rift是目前最受游戏开发者支持的平台，达到了19%。另外，Oculus Rift还兼容微软的XBOX平台，但并非是真正的3D VR，而是模拟了一个游戏环境，用户在该环境的屏幕中体验游戏，实际上仍是2D体验。当然，这并非说HTC Vive和PlayStation VR没有竞争力。首先，HTC Vive背靠Valve和Steam VR大树，鉴于Steam已经成为极受欢迎的PC游戏平台，很多厂商甚至仅在Steam上发布游戏而不推出独立版本，游戏资源依然不容小觑。而索尼的PS4游戏机全球销量已超过5000万台，同时游戏机的游戏销量利润仍是巨大的，再加之索尼的游说和支持，目前已经拥有很多有趣的独家VR游戏IP（Intellectual Property，知识产权）。至于其他资源方面，Oculus Rift已经成立影音工作室，旨在发展互动电影内容，而索尼本身也拥有电影及娱乐公司，资源方面应该不成问题。

　　就价格而言，HTC Vive售价为799美元，Oculus Rift为599美元，PlayStation VR为399美元，微软发布的PC版VR头盔起价为299美元。但是，这绝不是它们的真实成本，主机端头显并非独立的计算设备，需要依赖主机，对于Oculus Rift和HTC Vive来说便是高配置

PC，PlayStation VR则是PS4游戏机，联想VR头显亦需要支持Windows 10相应配置的电脑。据Oculus公布的最低配置来看，用户的PC至少需要配备英特尔酷睿i5-4590处理器、8GB RAM、NVIDIA GTX 970或AMD R9 290独立显卡，当然i7处理器、GTX 980、更大的RAM会更为理想。也就是说，加上头显价格，用户至少需要付出约1万元。由于HTC Vive也支持PC平台，目前普遍认为其总体成本与Oculus Rift相当。相对来说，PlayStation VR的总体成本会更低一些，因为PS4游戏机的价格更低，约为2400元，如果头显价格达到3000元左右，整体成本会在6000元左右。显然价格昂贵，主机端头显想要吸引用户的关注度，体验一定要足够好，才能有助于行业的后续发展。如今国际大厂普遍选择主机端，努力做出能给用户带来良好体验的VR产品。在未来一段时间内，VR的主要形态应该还是会以主机端存在。

纵观PC发展史，PC刚诞生时价格也很昂贵，在普通人眼里是不折不扣的"奢侈品"。但随着时间的推移，产业发展也越来越高速，成本也越来越低，更由于在整个社会生活中的应用越来越广泛，时至今日，PC已成为每家每户的生活必备电器。主机端头显因为价格贵、与个人生活的关联度不高等，现阶段对于绝大部分人来说是"奢侈品"，但现阶段慢慢开始兴起的VR体验店很有可能成为VR市场教育的"网吧"。当人们开始去体验店体验的时候，就像进网吧一样，在了解和体验过程中来判定这个产品是否值得购买。随着产业发展、技术换代、时间推移，产品价格会表现得越来越亲民，用户体验越来越极致，主机端头显很可能像当初的电脑一样，迅速普及到每个家庭中。

3.2 虚拟现实终端的构成

作为"下一代计算平台"概念的载体，围绕VR终端，显示设备、输入设备、内容制作工具、应用开发、游戏开发、影视制作、传输技术、云服务、媒介、分发等环节正在形成完整的生态。VR硬件和软件相辅相成，共同造就"身临其境"的效果。

3.2.1 三大硬件

硬件技术是整个VR技术的核心和基础，过去一段时间的VR领域爆发也是以硬件设备的快速进步为助推。硬件设备主要分为基础硬件、交互设备与输出设备三部分。基础硬件是指构成VR设备基本结构的实体组件，包括CPU、存储芯片、GPU、显示屏、传感器、陀螺仪、机身结构、皮肤接触材料等。基础硬件水平较为依赖计算机工业的整体前沿科技水平。未来VR硬件必将朝着行业标准统一、应用范围更广、致力于提升交互体验的方向发展。下面从芯片、显示设备、力触觉交互三个方面介绍VR的主要硬件。

（1）VR芯片

芯片作为VR的最重要部分，是VR终端运算能力和流畅度的保证。高画质的场景对实时建模及渲染能力要求很高，因此，高性能GPU成为VR中计算处理能力的核心体现。移动VR以其移动性和价格低廉受到各方的重视，不过相比于PC端，其GPU的性能相差太多。并且对性能的超高要求，意味着移动终端的GPU需要拥有比以往更为强大和高效的性能表现。与此同时，移动设备的其他组成部分，如相机和屏幕分辨率都在不断提高和进步，拥有比以往更高的执行效率，这些都有利于降低元器件的热功耗，因此GPU有更多的空闲性能供需要大量图形运算的应用使用，以尽可能降低耗电。

目前，NVIDIA、AMD、Imagination、高通及ARM等均在VR领域有所布局，频发配套SDK，以提高GPU在VR方面的性能表现。例如，AMD的图形芯片部门Radeon Technologies Group于2015年9月推出VR解决方案LiquidVR，它包含数据锁定、异步着色引擎、多GPU异步渲染等新功能，能够以更低的延迟实现更优质的画面，以提升VR沉浸体验。NVIDIA于2015年11月发布了两款可以提高VR立体渲染能力的开发工具，包括面向游戏开发人员的Gameworks VR和面向设计人员的DesignWorks VR。

作为全球知名的高速芯片处理及领先无线技术提供商，高通于2015年12月发布了首款64位四核CPU——骁龙820芯片，集成了新一代GPU Adreno 530，在智能手机上能够实时呈现立体摄像机拍摄的高清视频，在VR产品上也能促进HMD等设备沉浸感体验的进一步提升。骁龙820整体设计出色，提供更丰富的视觉效果、更高的音频清晰度以及更直观的设备互动方式，使浸入式体验更加生动。高通还在骁龙820的基础上发布骁龙VR软件开发包，其中包括DSP传感器融合、移动到显示的快速处理等，最小化从运动变化到头盔显示之间的所需时间，通过低延迟为用户带来更好的体验。据悉，采用骁龙820的设备已经超过100款，有智能手机、平板、VR虚拟现实产品，还有各行业机器人、商业无人机等。该芯片占有当时移动VR市场绝大部分市场份额，表3-2表示了其规格参数。

表3-2 骁龙820处理器

元部件	性能
CPU	14nm FinFET 工艺制程的定制四核 64 位 KryoCPU，单核速度最高可达 2.2GHz。采用两簇核心管控 2aSMP，2+2 的异步对称式核心，两颗 1.5GHz 同步同频核心＋两颗 2.2GHz 同步同频核心
GPU	Adreno 530 GPU。与 Adreno 430 相比，全新的 Adreno 530 GPU 功耗降低达 40%，并且图形和 GPU 计算性能提升达 40%
DSP	Hexagon680DSP。完全独立的、用于传感器处理的低功率岛（lowpowerisland）DSP，改善"始终开启"的电池续航时间以及传感器辅助定位；Hexagon 向量扩展（HVX）可为 HexagonDSP 提供更新水平的功率
调制解调器	骁龙 X12LTE 调制解调器。下行支持 Cat.12（最高传输速度达 600Mbps），上行支持 Cat.13（最高传输速度达 150Mbps）
Wi-Fi	搭载 Qualcomm MU|EFX MU-MIMO 的 802.11AC、多千兆比特 802.11AD 的 Wi-Fi 三频技术
电源管理	集成 Quick Charge 3.0，充电速度比 Quick Charge 2.0 提升 38%
摄像头	高达 2500 万像素。14 位 Qualcomm Spectra ISP（双 ISP），支持高达三个摄像头（如一个前置摄像头和两个后置摄像头）
认知计算平台	Zeroth 平台。充分利用高度优化的异构计算架构，在移动终端的功耗和散热限制范围内实现终端认知能力所需的性能
反恶意软件解决方案	Snapdragon Smart Protect。首个采用 Qualcomm Zeroth 技术的应用，通过一个先进的认知计算行为引擎，提供内置于终端的实时恶意软件侦测、分类和成因分析，从而丰富了传统的反恶意软件解决方案
系统管理	Qualcomm Symphony System Manager。管理整个 SoC 的不同配置，从而选取最高效和最有效的处理器与专用内核组合，并以最低功耗、最快地完成任务

与三星 Gear VR 搭配使用体验感最好的是 Galaxy S7 Edge，它采用的正是 820 芯片。

在骁龙 820/821 芯片之后，高通和华为分别推出骁龙 835 和麒麟 960。骁龙 835 采用先进的10nm工艺，增强了GPU的性能和降低功耗，相较骁龙820/821，性能上获得了大幅提升，可以为移动VR提供更优异的体验。ARM开发出Mali系列GPU，全新的G71 GPU专门针对移动VR进行了优化设计，相较上一代产品性能提升了50%。相比麒麟950采用的四核GPU，麒麟960采用的是拥有八核的G71 GPU，因而性能卓越。

苹果也意识到移动GPU的重要性，并试图收购移动GPU另一个强企Imagination，该公司开发了著名的PowerVR GPU，是历代iPone/iPad成功的基石。收购失败后，苹果发布了一系列涉及GPU硬件的工作岗位，在招聘中明确指出，希望更多优秀的工程师前来创造自主GPU的知识产权，包括负责GPU架构的性能、功能、时序、面积和功耗等工作，其自主研发的GPU将会在AR、VR和AI（Artificial Intelligence，人工智能）方面发挥更大作用。

（2）显示设备

VR显示设备直接影响了用户对于虚拟环境的感受，目前主要的显示设备有头盔显示器、3D立体眼镜、真三维显示、全息和环幕等。下面简要介绍沉浸式VR中主要的显示设备——头盔显示器（HMD），近期典型代表产品如表3-3所示。

表3-3　主机端VR头显参数基本满足沉浸感体验

头显	Oculus Rift CV1	HTC Vive	PSVR
屏幕类型	OLED	OLED	OLED
分辨率	2160×1200	2160×1200	1920×1080
刷新率	90Hz	90Hz	90～120Hz
延迟时间	19.3ms	22ms	18ms
视场角	110°	110°	100°

谷歌于2014年6月推出的纸壳式眼镜Cardboard（俗称眼镜盒子）。这类设备内部没有计算平台和显示屏，使用时可将智能手机放入镜片后的托盘中，通过一对凸透镜将手机画面传送至双眼以提供三维观看效果，并通过手机内置螺旋仪检测头部转动以改变显示内容。此类设备成本低但效果一般。

三星和Oculus VR于2014年9月联手设计的Gear VR（移动端VR）。该类产品的内容输出和算法平台还是智能手机，但产品本身也内置了动作传感器，可以更精确地感知头部转动，因而比VR眼镜的沉浸感更强。

Oculus Rift和HTC Vive等设备将电脑作为主要的VR内容运行和计算平台（主机端VR），可以实现六自由度的运动交互，沉浸体验大幅度提升。Sony PlayStation VR则是以索尼PlayStation为运行和计算平台。如表3-3所示，主机端VR头显参数基本满足沉浸感体验。

一体机头盔是传统的VR显示设备，集成了显示、计算、存储、交互等所有模块，其性能高，但体积大，价格偏高。典型代表是微软的HoloLens。

综上所述，HMD硬件通常由显示屏、处理器、传感器、摄像机、无线、存储、电池、镜片组成。

①显示屏　大多数HMD设备都有1～2块屏幕，主要用4K UHD（Ultra High Definition，超高清）或者更高的分辨率屏幕。分离式HMD设备屏幕多采用OLED，而整合式HMD用的是微投影技术。

a.分辨率　高分辨率的屏幕无疑会强化VR/AR的体验感，因此UHD显示面板的市场需求在VR爆发后会有大幅增长。

b.OLED　OLED与LCD相比有更多的优势，比如刷新率更快，延迟度更低，这就保证用户不会在使用过程中晕屏。PlayStation VR和Facebook Oculus都采用的是OLED屏幕。

c.AMOLED（Active-Matrix Organic Light Emitting Diode，有源矩阵有机发光二极体面板）　相较于传统的LCD显示，高性能AMOLED显示具备响应速度快、重量低、功耗低、防蓝光、成本下降趋势明显等特点。此外，高性能AMOLED显示在降低眩晕感、能耗、成本、健康风险的同时，提高产品便携性。由于柔性AMOLED在VR头显减重与便携性方面具备实际意义，未来有望成为进阶重要的发展路线。

② 处理器　与拥有主机系统的分离式HMD不同，HMD整机是需要内置处理器的。特别是对于刷新率要求很高的VR设备来说，高性能的CPU、GPU、HPU（全息处理器）显得格外重要。

③ 传感器　传感器在HMD设备中的目的就是追踪用户眼部、头部的运动，将信息反馈给处理器，然后进行图像的刷新。它在VR体验中是至关重要的，因为只有让延迟度降低，才能为用户提供真实的沉浸式的感觉。目前用于追踪动作的传感器，包括FOV深度传感器、摄像头、陀螺仪、加速计、磁力计和近距离传感器等。当前，每家VR硬件厂商都在使用自己的技术，索尼使用PlayStation摄像头作为定位追踪器，而Vive和Oculus也在使用自己的技术。

④ 摄像机　一些HMD设备通过前置摄像头进行拍照、位置追踪和环境映射，另一些则采用内部摄像头来感知环境和周围目标。

⑤ 无线连接　HMD和控制器之间采用的是无线连接技术。但由于图像的高分辨率和高刷新率，HMD和PC/游戏机之间的无线连接还有诸多技术故障需要克服。

⑥ 存储/电池　内存主要用于存储/缓存VR图像和视频，而VR使用较高分辨率的内容，因此对内存的要求较高。至于电池，对于整合式HMD设备尤为重要，总不希望游戏打到一半出现没电的现象。

⑦ 镜片　滑配式和分离式HMD设备广泛采用非球面镜片，它们拥有较短的焦距，与其他镜片相比拥有更高的放大率和更广的视野。Oculus Rift、HTC Vive和PlayStation VR采用的都是非球面镜片。

经过多次算法优化和技术迭代，VR头显，尤其是PC/主机端头显，基本能给用户带来良好的体验。六自由度、120°视场角、4K分辨率、120Hz以上刷新率、低于20ms延迟的VR头显，能够为用户带来自由与真实的沉浸体验，越来越多的产品将不断提升各项参数，给用户更好的体验。

（3）交互设备

人机交互是VR整个体验中的非常重要一环，交互设备主要由动作捕捉、设备动作控制以及空间定位组件构成，是实现VR内容交互功能的关键部分。目前，手柄、手势追踪、眼球追踪、动作捕捉等是比较常见的交互方式。除此之外，还有一些泛体感类的输入设备能够实现更复杂的交互。

作为主流的游戏输入设备，手柄是最早大规模使用的VR输入外设。Oculus、HTC、Sony、Gear VR都采用或兼容手柄。如今市场上最火的三大VR头显，索尼PSVR、HTC

图3-5 三大VR头显厂商专属手柄

Vive、Oculus Rift CV1，都有自己专属的动作捕捉套件以及专属控制器（图3-5）。由于索尼的PS Move并不是专配VR的控制器，相对另外两者表现稍差。下面简要对比另两者的主要指标。

① 追踪　它是动作感应设备的基础功能，一款体感设备必须快速精确地追踪手部动作。Vive控制器无疑是最优秀的，它可以进行亚毫米级的动作追踪。Touch控制器使用时会遇到明显的位置错误、糟糕的碰撞检测或是明显的抖动。

② 人体工程学　Vive控制器较为平庸，就像是一根指挥棒，用户将它抓在手里挥舞。而Touch更加贴近用户的手，令用户感觉到是自己肢体的一部分延伸。如用户以非常自然的方式握住Touch控制器时，每一个按钮、摇杆都正好落在合适的手指下，不需要思考就明白该如何操作了。Touch的外形设计是参照最广大人群尺寸的，如果手的尺寸与常人相差较大，那可能无法体会到这一点。

③ 按键　从按键的种类和数目来看，两者并无差别。Vive控制器在导航按键上采取的是圆形触控板的形式，而Touch则使用了摇杆和手势识别传感器。依据习惯性，人们已经使用摇杆设备很多年，所以会更加习惯Touch的设计，使用更加自然。

④ 材质　材质的优劣并不代表使用的材质高级或做工更好，这里比较的是它们在材质种类上的选择不同，带来不同的感受。感觉Vive摸上去或是按钮按上去的手感更好罢了（这一点存在着主观因素）。

⑤ 手部代入感　指的是玩游戏时，如果没有特别注意的情况下，哪个设备更能使用户误认为是自己的手。这一点与前几项实际上存在着一定关联，可以认为是整套系统软硬件相互结合的综合结果，关键还是在于人体工程学设计。以捡起一个虚拟物品为例，使用Touch时，所要动用的手指和肌肉都跟用户在现实中捡起一个虚拟物品差不多，大脑很自然地发出捡东西的指令，不需要为控制器过多地修改动作。而Vive控制器则时刻提醒着用户正在握着某个东西，需要按下特定的开关来完成那些动作。

Oculus Touch虽然没有在国内发售，且Oculus的游戏也没有那么多，还要面临科学上网等问题，但不可否认其手柄的沉浸感是最强的。

目前常见的交互方案除了手柄以外，有语音识别、眼球追踪以及动作捕捉三类。语音识别是目前最为成熟的技术，包括讯飞、百度在内的很多语音识别技术提供商的解决方案识别率均超过95%。而眼球追踪和动作捕捉设备是通过眼球和动作捕捉设备采集肢体动作，进而在虚拟世界进行交互。手势追踪是目前比较自然的输入方式，成型的产品也较多，比如Nimble Sense、LeapMotion、Usens、微动、Ximmerse、Dexmo等。全身动作捕捉比手势追踪更进一步，能获取到更完整的动作信号，实现更丰富的交互。代表性的产品/公司有诺亦腾（全身动作捕捉）、Kinect（微软体感输入）、奥比中光（深度摄像头）等。相比前两者，眼部追踪技术应用到VR领域还处于概念期，国内的七鑫易维、青研科技等公司都在做眼球追踪类产品。泛体感类输入设备通常被理解为"辅助外设"，比如Omni体感跑步机、KAT Walk体感跑步机（图3-6）、PP GUN和各种蛋椅（图3-7）等。

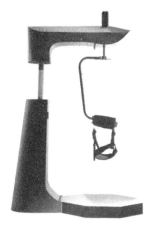

图3-6　KAT Walk跑步机

图3-7　VR蛋椅

　　VR力触觉交互设备能够使参与者在虚拟环境中实现触觉和力感等视觉、听觉之外的感觉，目前的研究还处于初级阶段。东京大学研制出一种能像人类皮肤一样，感测出施加在表面上的力的大小和方向的新型传感器，据此可以开发出具有接近人类力觉的机器人手。

3.2.2　软件平台

　　VR软件主要包括操作系统、SDK、VR引擎和应用软件（图3-8）。操作系统是VR系统中最基本的系统软件，用于有效地管理、控制系统资源，并为用户的使用提供便利的环境。SDK即软件开发工具包，指辅助开发某一类软件的相关文档、范例和工具的集合。VR引擎广义上是一切可以用来开发VR的专用工具软件；狭义上，则是通过对部分通用技术细节进行整理和封装，形成一个支持应用的底层（Application Programming Interface，API）函数库。VR引擎的构架是VR开发过程中的核心技术，可以实现控制光影效果、丰富动画造型、提供物理系统、渲染等功能，直接控制用户使用过程中体验到的剧情、关卡、美工、音效和操作等。应用软件是为满足用户不同领域、不同问题的应用需求而提供的软件，可以拓宽VR的应用领域，增加硬件的功能。

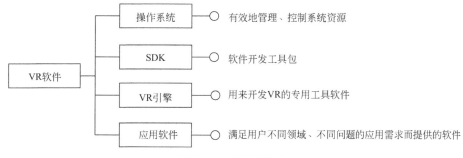

图3-8　VR软件的构成

（1）底层平台

　　底层平台用于管理VR的硬件资源和软件程序，支持所有VR应用程序，是VR生态中重要的一部分。目前，Windows、Android已经能够较好地支持VR软硬件，支撑消费级应用。但苹果的操作系统目前对VR并不友好，这使得基于苹果系统的开发者无法在短时间内介入

VR内容的开发。除此之外，现有的VR操作系统多由头显厂商自行开发，处于相对封闭和割裂的状态。当然，封闭的操作系统在用户体验方面的优势更大。VR操作系统的价值在于有机会定义行业标准，通过搭建VR的基础和通用模块，无缝融合多源数据和多源模型，成为标准分散的硬件设备与各类引擎开发商之间的中间层，最终成为标准的统一者。

在VR硬件迭代逐步放缓后，软件作为吸引用户的核心力量，逐渐受到互联网巨头和投资机构的青睐，国内外巨头纷纷抢滩VR软件领域。国内外行业巨头希望将原有的资源、流量优势及成熟的移动互联网商业模式运用到VR软件领域，相继布局。在国外，除了著名的VR硬件厂商Oculus、HTC、索尼和三星，谷歌和亚马逊也加入到VR软件领域的争夺。国内方面，BAT、华为等企业紧随国外厂商步伐。表3-4展示出国内外巨头相继布局VR软件领域的情况。

表3-4 国内外巨头相继布局的VR软件领域

企业	开发者支持	应用软件
谷歌	整合Project Tango、英特尔实感技术，加入安卓开发者套件	3D全显示还原地图；参投VR游戏开发公司Resolution Games；Google Play应用商店；基于安卓的VR平台Daydream
亚马逊	—	VR试衣间、在线购物；建立VR专题商店
百度	—	百度教育虚拟课堂；爱奇艺推出VR频道、VR APP
阿里	搭建VR基础平台和软件开发工具，帮助商家建设VR商店	BUY$^+$计划建立全球最大3D商品库
腾讯	推出VR SDK1.0；提供云计算服务方案	导入腾讯游戏
华为	全面云服务、云操作系统、Fusionsphere、大数据平台	与暴风魔镜合作；与华策开发全景漫游、VR游戏等内容

在Unity's Vision VR/AR Summit 2017虚拟/增强现实峰会上，微软公司展示了搭载Windows Holographic功能的华硕VR头显（图3-9），同时展示了一款名为个"Cliff House"的应用程序，该虚拟家居环境很好地体现了Windows操作系统在VR环境中的应用。用户可以在VR空间内放置和安排调整App布局，此外还可以在一个能够俯瞰整个山景的阳台上建立多个性化区域，比如游戏基地、工作间或娱乐中心等。该应用在HoloLens头显中也有同样的用例，用户可以选择自己想要使用的Windows应用，然后可以将这些应用固定在自己房间内部环境中。

图3-9 微软展示VR版Windows操作系统及头显

Cliff House复制了HoloLens以App为中心的空间处理用例。用户使用Xbox One控制器就可以实现在VR环境的房屋内移动，支持VR的Windows 10用户界面，与HoloLens的非常相似，但又实现了一些优化。基于注视点的交互操作能够控制用户界面，并且可以通过瞬间传送实现移动。微软将Windows Holograophic开放给包括华硕、戴尔、惠普、联想和

3Glasses等第三方，华硕率先推出了搭载有该功能的VR头显，其他品牌商也陆续推出相似的产品。拥有搭载Windows Holographic功能的VR头显的用户，还可以访问通用Windows平台（UWP），该平台上汇聚了超过2万多款应用，而且还可以通过微软Edge浏览器，将Web端的3D对象拖拽到实体世界中，该浏览器支持浏览沉浸式WebVR内容，Movies&TV应用也支持为用户提供360°视频。

（2）运行系统

VR应用可以在相应配置的PC和手机上运行，基本上一个不太旧的手机，都可以正常运行移动端VR应用，如果手机的CPU和GPU不错的话，还可以有很好的VR体验。现有的手机再加上VR眼镜盒子，就可以很方便地体验VR。随着VR技术的成熟和普及，VR专业的电脑、手机和游戏主机也开始受到关注，这些专业的VR设备可以展现非常惊人的效果。目前，用来开发VR应用的有各个平台的本地SDK、游戏引擎和开发框架，甚至最新版本的浏览器。

① 本地SDK　软件开发工具包（Software Development Kit，SDK）一般都是软件工程师为特定的软件包、软件框架、硬件平台、操作系统等建立应用软件时的开发工具的集合，广义上指辅助开发某一类软件的相关文档、范例和工具的集合。国内外VR厂商基本都面向开发者发布了相关的SDK，鼓励开发者使用其系统或者语言，以期待通过对应自家产品的内容圈到更多忠实的用户。

不同的平台会有不同的驱动和链接库，Windows上是Win32的dll链接库，安卓上是Java的链接库等。使用这些SDK可以非常方便地开发应用程序，比如用户可以在图形或者游戏性能等方面进行定制。

② 游戏引擎和开发框架　大多数VR开发者会采用用游戏引擎开发，比如Unity3D，它很好地处理了图形渲染、物理系统、游戏框架以及驱动调用等技术，非常多的VR开发者会使用该引擎作为他们应用程序的开发工具。目前国内市场的主流VR开发引擎还有UE4引擎（Unreal Engine 4）、CryEngine3、C2Engine、Cocos 3D等。许多类似的中间件引擎都支持跨平台部署，只需要编写一次代码，就可以发布在不同平台上，比如PC和手机。这些引擎还拥有一些非常好用的工具，比如等级编辑器和集成开发环境等。

③ VR浏览器（图3-10）　当HTML5技术可以实现在浏览器上运行的应用和原生应用性能基本一致时，浏览器的开发人员就开始大力支持VR的开发。不过，支持VR开发应该会比支持移动端开发这个特性要快很多。浏览器支持VR开发会产生两方面的影响：第一，运用HTML5、WebGL和JavaScript这些技术快速开发VR应用，并且这些应用的跨平台特性非常好；第二，现有的网站和网页都提供一个类似超链接的东西，它们会切换到相应的VR页面。目前发布的主要VR浏览器如下。

a.百度VR浏览器　2016年9月15日，百度公司推出百度VR浏览器，让国内用户第一时间体验VR浏览器，通

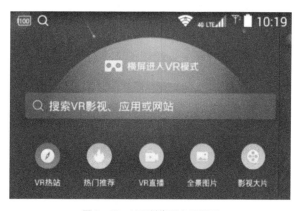

图3-10　VR浏览器应用界面

过它，用户可以随时访问 VR 热点网站、VR 直播、3D 大片、VR 视频推荐、全景视图等，而且支持 VR、3D、iMax 多种观看模式。它具有以下 4 个鲜明的特点。

（a）以浏览器为基础，具有十分丰富的内容。它聚合了国内主流的 VR 站点，把许多资源都引入到 VR。它使用户不仅可以在 VR 环境下浏览访问直播、视频、图片、资讯等 VR 网站，还可在 VR、3D、iMax 等多种观看模式下自由切换。与国内 VR 资源网站等平台不同，该浏览器既可以观看 APP 上的自有资源，还能搜索访问 VR 影视、应用等网站，真正做到可以获取全网的资源。

（b）网站首页内容采取精细化的模式运营。通过浏览 APP 首页，可以看当前最热门的 VR 资源。在 APP 的内部还安装了百度 VR 搜索功能，可以让用户更快、更全、更准确地获取 VR 资源。

（c）采用飞向太空的主题，沉浸式体验十足。百度把主题定为飞向太空，通过暗色系的太空环境，旨在给用户打造一个全沉浸的观影体验。宇宙的神秘感加上太空舱的科技感，也十分符合 VR 的意味。

（d）中控台、快捷键和荧幕操控，可谓真正的个人影院。在 VR 观影体验上，设计一个太空舱的中控台，让用户可以实时进行多种操作，如位置 Reset、亮度调节、查看电量和 WiFi 连接等；播放快捷键，快进快退、暂定开始、音量调节等更加方便；对荧幕距离、分辨率的实时调节，真可谓把真正的个人影院呈现给用户。

b. 三星 VR 浏览器　2015 年 12 月，三星推出了"三星互联网"浏览器（Samsung Internet for Gear VR），主要是为其公司旗下不同的三星设备服务的。其中的明星就是 Gear VR，这也是其销量如此之好的原因之一。它的主要特征如下。

（a）Video Assistant（视频助手）。在播放视频的时候，视频助手可以让用户更轻松地切换不同的浏览模式。

（b）Intuitive Text Input（直观的文本输入）。为了让文本输入更加直观和简单，提供了一个虚拟键盘和语音输入功能。

（c）Gaze Mode（注视模式）。在设定中打开注视模式，然后只需要"注视"菜单选项，数秒就可以完成选择。用户甚至不需要移动手指，就可以完成浏览器中的菜单选择。

（d）Bluetooth Device Support（蓝牙设备支持）。支持蓝牙设备，为用户提供了更多的输入方便。

（e）VR 听觉体。在播放 360°视频时，支持 3D 音频（也被称为 VR 环绕声和定向音效），让用户感受到声源的空间感、方向感和距离感，让虚拟环境更具真实性。

（f）Skybox Setting（天空盒设定）。可以让用户选择不同的天空盒（Skybox）。

c. 火狐 VR 浏览器　Mozilla 旗下火狐浏览器是第一个支持 WebVR 的浏览器，界面如图 3-11 所示，可以轻松地实现显示屏在传统网页与 VR 眼镜的网页之间进行自由切换。2016 年的 8 月，火狐浏览器 Nightly 版已经正式支持 API，现在已经可以带上 VR 头显，在火狐的网页上享受 3D 网上冲浪的体验。当然，该版本的 VR 浏览体验依然比较有限，仍有许多改善的空间。

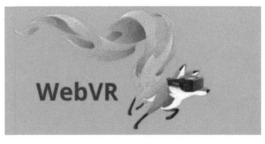

图 3-11　WebVR 浏览器

基于该版本，Mozilla 正与谷歌 Chrome

团队联手推出第一份官方WebVR API提案，以期建立WEB VR内容的行业标准，草案中对如下要点进行了规范：

（a）VR专用渲染和显示设备；

（b）WebVR页面的遍历链接能力；

（c）枚举VR输入的输入处理方案，包括六个自由度运动控制器；

（d）调整站坐的体验；

（e）兼容PC端和移动端。

d.谷歌VR浏览器　2016年10月，谷歌推出了Chrome的WebVR版。谷歌一直在积极研发WebVR，并与火狐建立WebVR标准。WebVR1.1是一项技术标准，是直接从网页发展VR的基础，简单来说，用户可以戴上VR眼镜，360°环绕的网络浏览体验。谷歌计划让所有安卓手机用户通过Chrome浏览器以VR的方式浏览网页，而且是支持所有网站，不仅仅是那些支持VR的网站。目前安卓版的Chrome浏览器beta版已经支持WebVR特性，开发者可通过这个功能让自己的网站支持VR显示模式。但是该款VR浏览器的最大缺点就是VR网页有时候不稳定。

e.Oculus VR浏览器　2016年10月，Oculus公布了它的VR浏览器Carmel，支持Gear VR和Oculus Rift。可登录Oculus应用商店下载Carmel开发者预览版。需要特别注意的是，Carmel开发者预览版只是一个预览版，不是为普通用户准备的。

（3）播放软件

VR视频涉及的技术与游戏不同：游戏的图像都是合成的，其中3D模型、动画、背景等都是人工构建出来的；VR视频则是拍摄的现实世界内容，内容真实感更强，甚至会非常惊人，比如图3-12视频中播放的是一个直升机飞跃大峡谷的场景，那么观众就像真的坐在飞机上一样体验飞行的刺激。许多VR视频的播放器可以运行在PC或者移动设备上，有的还支持跨平台运行。但是开发

图3-12　VR视频效果图

者面临的一个最大问题就是没有统一的数据格式标准，如果要做视频内容的开发，就得锁定一个硬件供应商，然后使用针对性的技术和软件来制作。

VR播放器可以根据视频源文件，播放2D或3D全影视频。与普通播放器相比，可以有分屏、飞屏等功能，在虚拟空间里打造用户专属的荧幕，让用户在手机上就能享受影院般的观影体验。国内的视频播放器有UTOVR、Vrplayer、橙子VR，国外的有FreeVR Player。全景播放平台也有很多，比如优酷VR、爱奇艺VR，3D播播，蓝光VR大师，三目猴VR等。下面简要介绍几款VR播放器。

① 橙子VR　橙子VR同时支持2D/3D/左右/上下/全景，功能丰富，集成众多资源，拥有海量的3D大片、震撼的全景视频，界面如图3-13所示。精选的VR游戏配备适合多款眼镜的VR播放器，可以带给用户舒适的VR体验。

② 3D播播　它是风靡用户的VR内容分享平台，界面如图3-14所示，拥有海量影视内容、丰富的游戏资源和震撼的全景视频，能够带给用户全新的使用体验。

③ UtoVR　免费提供丰富多彩的VR视频内容和高清流畅的播放体验，支持在线播、本地播、直播，界面如图3-15所示。提供高清、标清、极速等不同模式陀螺仪＋双屏模式，支持任意一款VR眼镜，一键分享优质VR内容。

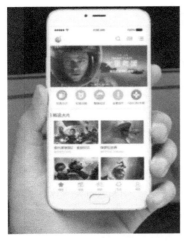

图3-13　橙子VR　　　　　　　图3-14　3D播播　　　　　　图3-15　UtoVR

④ VR Player　是一款很有名的安卓平台VR播放器，它的免费版功能相当不错。支持2D/3D/360°全景图片和视频，支持sbs/上下格式3D，可以播放本地视频及在线URL，支持srt字幕。如果搭配VR眼镜观看，会达到身临其境的效果。如果没有VR眼镜，也可以在电脑或手机上拖动屏幕进行360°旋转、拉伸等操作。

（4）建模软件

利用VR技术创建虚拟世界，首先要解决的问题是虚拟场景建模，即虚拟世界的构造问题。逼真的3D场景是产生沉浸感和真实感的先决条件，场景太简单会使用户觉得虚假；而复杂的场景又势必会增加交互的难度，影响实时性。目前虚拟场景建模方法主要有三类：基于几何图形绘制的建模技术、基于图像绘制的建模技术以及基于图形与图像的混合建模技术。下面简要介绍第一种方法中涉及的几款广泛使用的3D建模工具软件：3ds Max、XSI和Maya，它们可以用来对虚拟环境进行建模，每个软件都有各自的特点及应用范围。

① 3ds Max　3ds Max是由Autodesk公司旗下的Discreet公司开发、推出的3D造型与动画制作软件，率先将以前仅能在图形工作站上运行的3D造型与动画制作软件移植到计算机硬件平台上，该软件一经推出就受到广大设计人员和爱好者的欢迎，获得了广泛的用户支持。它是集建模、材料、灯光、渲染、动画、输出等于一体的全方位3D制作软件，可以为创作者提供多方面的选择，满足不同的需要。图3-16显示了一个碗的建模界面。作为当前世界知名的一款VR建模的应用软件，与其他的同类软件相比具有以下特点。

a.简单易用、兼容性好。3ds Max具有人性化的友好工作界面，建模制作流程简洁高效，易学易用，工具丰富，并具有非常好的开放性和兼容性，拥有最多的第三方软件开发商，具有成百上千种插件，极大地扩展了该软件的功能。

b.建模功能强大。3ds Max软件提供了多边形建模、放样、片面建模、NURBS建模等多种建模工具，建模方法和方式快捷、高效。其简单、直观的建模表达方法，大大地丰富和简化了VR的场景构造，图3-17展示了一个动画构建效果图。

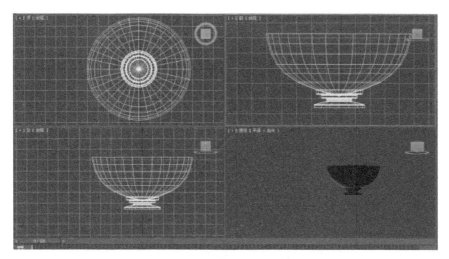

图3-16 碗的建模效果图

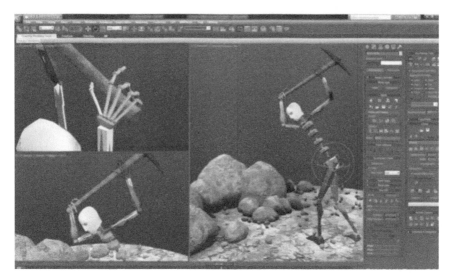

图3-17 一个动画构建效果图

目前，3ds Max在国内外拥有众多的用户，在使用率上占据绝对的优势。随着VR技术的发展，以及仿真技术在科学工程上的应用，快速实时、互交性强、操作方便的3ds Max软件具有广阔的发展前景。

② XSI XSI原名Softimage 3D，是Softimage公司的一款3D动画制作软件。其强项在于动画控制技术，但其自由建模能力也很强，拥有世界上最快速的细分优化建模功能，以及直觉的创造工具，让3D建模感觉就像在做真实的模型雕塑一般。

为了体现软件的兼容性和互交性，最终以Softimage公司在全球知名的数据交换格式.XSI命名。Softimage XSI以其先进的工作流程、无缝的动画制作，以及领先业内的非线性动画编辑系统，出现在世人的面前。它是一个基于节点的体系结构，效果如图3-18所示，有的操作是可以编辑的。动画合成器功能更是可以将任何动作进行混合，以达到自然过渡的效果。灯光、材料和渲染已经达到了一个较高的境界，系统提供的十几种光斑特效可以延伸出千万种变化。

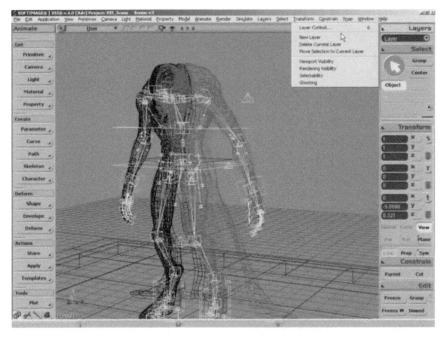

图3-18 基于节点的编辑示意图

③ Maya　Maya是美国Autodesk公司出品的世界顶级的3D动画软件，以建模功能强大著称。Maya的操作界面及流程与3ds Max比较类似，是目前世界上最为优秀的3D动画制作软件之一（图3-19），最早是由美国的Alias|Wavefront公司在1998年推出。虽然在此之前已经出现了很多3D制作软件，但Maya凭借其强大的功能、友好的用户界面和丰富的视觉效果，一经推出就引起了动画和影视界的广泛关注，成为顶级的3D动画制作软件。

图3-19 一款动画编辑示意图

Maya功能完善，工作灵活，易学易用，制作效率极高，渲染真实感极强，是电影级别的高端制作软件。自从其诞生起，就参与了多部国际大片的制作，从早期的《玩具总动员》

《精灵鼠小弟》《金刚》到《汽车总动员》等众多知名影视作品的动画和特效，都是由Maya参与制作完成的。

（5）游戏软件

游戏开发引擎工具是VR游戏生态上最重要的节点。随着游戏引擎的普及，无论Unity、Unreal（Unreal Engine 4，UE4）、CryEngine、Unigine，都在各自领域、各自优势方向长足地发展。随着VR民用化的到来，各大引擎也已经开始布局自己的定位，包括引擎的业务调整、商业活动、产品价格策略以及对VR方向的支持等。对于开发者来说，游戏开发引擎的选择需要从成本控制、技术支持、渲染效果、性能消耗、平台的兼容性等方面考虑。游戏引擎的选型是一个很大的难题，无论从成本控制，还是会遇到的风险，都需要注意。图3-20展示了各大引擎对照的相关指标，下面进行简要的介绍。

图3-20　VR引擎的评价指标

① 商业版权。Unity免费政策是针对营收或资产达不到10万美元的独立开发者，如果超过需要，购买pro版本售价为1500美元（买断）或75美元/月（租售）。Unreal策略是产品单季营收超过3000美元时，进行5%的分账。CryEngine3也改成月费制9.9美元/月等。

② 技术支持。涉及技术文档、开发者社区、线下沙龙、有偿技术支持服务、人才的培养等。

③渲染效果。游戏品质的好坏和显示效率有很大关系。

④性能的消耗。是不是耗尽所有的GPU、CPU资源？占用内存是否足够大？

⑤运行效率。什么样的内容？需要的设备配置能不能流畅运转起来？

⑥协同开发。是否有完整的系统开发协同体系？涉及代码同步、版本管理与职能协调。

⑦编辑器的易用性。代码编写、骨骼动画、声音、光照、物理系统、地形系统、粒子效果等易用性整合。

⑧各种平台表现。同样的效果，在不同的平台，渲染的时间、运行的效率、占用的资源大小等不同。

⑨资源的丰富度。涉及插件库、3D资源、角色、材质、脚本、原型、声音、场景、动画等。

⑩游戏的更新。该功能是游戏商业化遇到的一个大难题。更新是否要加入脚本？平台是否允许？

⑪多平台的支持。PC、iOS、Android、Xbox、Wii等其他游戏主机支持情况。

⑫案例的丰富度。此引擎是否有过游戏大作？是否有做过足够多的商业化游戏？

UE4和Unity两大游戏开发引擎囊括了中小型以及大型游戏的开发，它们已经是VR游戏开发的两座大山。下面对这两大引擎进行简要介绍。

① 前生今世　UE4是游戏公司Epic Game的杰作，1998年推出了虚幻引擎，再经历了UE、UE2、UE2.5、UE3、UDK、UE4多个版本的迭代后，达到了今天所看到的免费、开源的UE4。免费开放下载后，用户数量已经达到200万，凭借其出色的画面效果，为广大3A级游戏开发厂商所青睐。在E3大展上，有超过80款正在开发中的游戏作品采用了UE4，包括VR兼容游戏《Batman：Arkham VR》《Tekken 7》《Killing Floor：Incursion》等。

Unity近年来一直是手游和网页游戏开发者的宠儿。自Unity 5.1版本后，Unity开始正式支持VR游戏开发。凭借较低的技术门槛与收费，以及对跨平台的优良支持，Unity获得了一大批拥护者，2016年的Google I/O大会上宣布该平台已经拥有550万开发者。4月，与HTC达成了战略合作，成立了"亚太虚拟现实产业联盟"，有更多的VR初创企业用上Unity引擎。

② 为VR游戏开发所做的优化　Epic Game宣布，为降低VR游戏开发的门槛，UE4将在新版本中添加VR游戏编辑器。在新版本中，游戏开发者能够实时查看设计效果并进行及时的测试。具体来说，通过Oculus Touch或者Vive的手柄，开发者能够自如地在虚拟的世界中进行设计，就像在现实世界用画笔进行绘画一样。最近，UE4的更新中已添加对移动VR平台的瞬移系统的支持。

图3-21　Carte Blanche演示截图

Unity则推出一个开发应用系统Carte Blanche，截图效果如图3-21所示。它摆脱以往鼠标键盘加屏幕的组合，开发者戴上VR头显和手柄控制器，在VR场景下进行游戏元素的建立，这些元素会通过卡牌的形式呈现，开发者可以通过手势和语音指令去放大、缩小、拖动和放置元素在自己身处的世界中，甚至可以进入到特殊元素的内部继续进行设计。该游戏还支持语音助手"U"，帮助游戏开发者更加高效地进行游戏设计开发。

除了游戏引擎公司为VR游戏的开发做优化外，底层的芯片和显卡厂商也在推进相应的工作，英伟达已对外宣布其推出的分屏渲染技术将会支持Unreal和Untiy。

③ Unity和Unreal的适用范围　Unity适合小团队制作，甚至是独立制作，主要趋向是手游。目前Unity仍然是手游市场占有率最高的引擎，超过九成的Gear VR游戏都采用了Unity引擎开发。而UE4更加适合大团队大制作，主要趋向于PC平台。

在VR游戏开发的上手难易程度上，Unity配置VR项目十分简单，而且学习和开发成本都较低。相比较而言，Unreal的学习难度比较大，内含模块功能强大但是操作十分复杂，一般入门开发者可能需要一年半左右的时间才能上手使用Unreal开发VR游戏。不过从画面效果上来看，Unreal的画面渲染效果质量更胜一筹，现在很多VR游戏大作的Demo都是用Unreal来开发制作的。

综上所述，这两个游戏开发引擎工具各有千秋，从目前的发展来看，如果游戏项目主打移动平台，而且制作预算较低，对画面要求不是特别高，就首选Unity，反之Unreal会是更适合的开发工具。

（6）算法

经过前面的介绍，读者应能理解VR系统涉及的内容相当多，每项技术的背后都包含着若干算法，本节简要介绍FK算法。

① FK算法　运动分为正向运动和反向运动，FK（Forward Kinematics）指代正向动力学，IK（Inverse Kinematics）指代反向运动学。人体的分级结构骨架，由许多采用分级方式组的环节链构成，包括分级结构关节或链、运动约束和效应器，由效应器带动所有部分同时运动。

例如，肩关节、肘关节、腕关节及其子骨骼就是一条环节链，也就是运动链，是整个人体运动链上的一条分支，而身体即是利用运动链对运动进行控制的。已知链上各个关节旋转角，求各关节的位置信息和末端效应器（end effector）的位置信息，这是正向运动学的问题；而已知末端效应器的位置信息，反求其祖先关节的旋转角和位置，这就是反向运动学。

正向动力学认为子级关节会跟随父级关节运动，而子级关节又可以独立运动而不影响到父级关节的状态。以人体运动为例，当人们举起手臂时，腕关节会随其父级肘关节上抬，肘关节会随其父级肩关节的旋转而移动。但当腕关节旋转时，其上级关节都不会发生运动，这就是典型的正向动力学运动方式，图3-22展示了其演示效果图。因此，如果已知运动链上每个关节的旋转角，就可以控制其子级关节的运动。

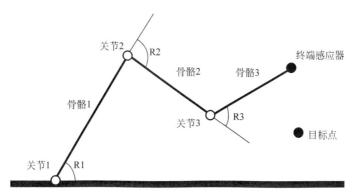

图3-22　正向动力学演示图

正向动力学的优势是计算简单、运算速度快；缺点是需指定每个关节的角度和位置，而由于骨架的各个节点之间有内在的关联性，直接指定各关节的值很容易产生不自然协调的动作。应用于VR动作捕捉行业时，使用者需要在每一个骨骼分支都佩戴动捕设备，使用不方便。

正向动力学被应用于VR动捕技术中，具体实现流程如下。

使用者身上每一个骨骼分支都佩戴动作捕捉节点，例如手部、小臂、大臂、肩膀，构成一条链。动作捕捉节点获取每个骨关节在运动过程中的旋转角，将旋转角应用到FK算法中，与相对应的骨骼长度一起即可计算出子关节和末端效应器的位置信息，再利用这些信息控制整个人体模型的运动。

应用：动作捕捉技术。

② IK算法　IK即反向动力学（图3-23）。上面已经介绍了IK算法所要解决的问题，再

以投球动作为例说明：如果知道出球的起始位置、最终位置和路径，那么投球者手臂等的转动即可按反向运动学自动算出。反向运动学方法在一定程度上减轻了正向运动学方法的繁琐工作，是生成逼真关节运动的最好方法之一。

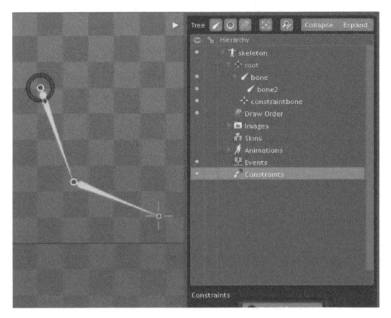

图3-23　反向运动演示图

求解IK问题的方法有很多，大致可以分为两大类。

a.解析法（Analytic Solutions）　可以求得所有的解。对于自由度较少的IK链，求解速度较快，比较适合应用于自由度较少的控制中，便于实时控制。但随着关节数量的增加，解析法求解方程的复杂度也急剧增加，所以解析法只适合自由度比较少的链，不适合复杂的IK链。

b.数值法（Numerial Solutions）　数值法的优势在于通用性和灵活性，能处理自由度较多、比较复杂、具有分层结构的IK链，并且能较容易地实现在IK链中加入新的约束条件。数值法实际上是一种反复逼近、不断迭代的方法。由于IK问题的复杂性，数值法的不足之处在于高计算量。由于是反复迭代进行求解，所以所求结果未必准确。

由于反向动力学可以解决定位问题，所以VR动作捕捉技术、手势识别技术均可应用IK算法。

动作捕捉技术是通过使用称为跟踪器的专门传感器来记录运动者的运动信息，然后，就可以利用所记录下来的数据产生动画运动。利用IK算法进行动作捕捉的大体流程（图3-24）如下：

a.首先在VR内容中建立人体模型，然后为人体模型预留数据接口；

b.利用硬件获取末端效应器的位置信息，然后利用IK算法计算出人体运动数据，包括关节旋转角和位置等；

c.再将这些信息赋予人体模型预留的接口，驱动人体模型按照佩戴硬件的目标人物动起来，并显示在内容中。

应用：动作捕捉技术、手势识别技术。

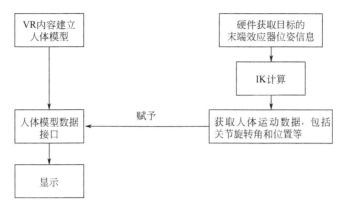

图3-24　基于反向动力学的运动捕捉过程

③ PnP　PnP准确来说是一个问题，是由Fisher和Bolles于1981年提出的。具体表述如下：在已知给定 n 个特征点中任意两个特征点之间的距离以及这两个特征点与光心所成的角度，来求解各特征点与光心的距离，这就是PnP问题。PnP的主要用处就是可以确定目标物体上的 n 个特征点在摄像机坐标系下的坐标，然后根据标定获取的摄像机内外部参数，求算出特征点在世界坐标系下的坐标值，最终给出目标的位姿信息。

PnP问题是一种基于单幅图像的定位解算方法，在VR目标定位和姿态解算上得到广泛的应用。求解PnP问题的方法有很多，大致可以分为两大类：非迭代算法和迭代算法。

非迭代算法主要是针对P3P、P4P等特征点较少的PnP问题进行研究，主要是应用数学代数算法直接求解被测目标的相对位姿，并且还推导出多种解析算法。非迭代算法运算量小，计算速度快，但是受系统误差影响较大，而且解算精度一般情况下都不高，主要被应用于迭代算法的初值计算。非迭代算法求解的主要对象是针对于6个以上异面特征点或是有4个以上共面特征点两种情况。

迭代算法应用于求解PnP问题时，是基于不存在图像噪声假设条件下进行推导的，得出解析解相对于摄像机特征像点的位置误差的敏感度特别高。而为了克服噪声的影响，提高位姿解算精度，多采用PnP迭代算法进行位姿信息的求解，其主要思路是将PnP问题进一步表示为一种受约束的非线性优化问题，通过求解得到被测目标相对位姿的数值解。该处理方法的优化变量空间为 $n+6$ 维（ n 为点特征数），迭代计算量较大，又受初始值解算精度影响，因此算法通常会收敛到局部最小值或收敛到错误解，而不是全局最小值。

可能上述的描述会比较抽象，这里以P3P为例进行说明。

如图3-25所示，O为相机光心，目标的三个特征点A、B、C与光心O之间的长度分别为 x、y、z，已知三条线间的夹角为 α、β、γ，$|AB|=c$，$|AC|=b$，$|BC|=a$，利用 α、β、γ 和 a、b、c 求解 x、y、z，这就是P3P问题。

P3P问题特征点数目只有3个，可以直接使用非迭代算法，其方程描述如下：

$$\begin{cases} x^2 + y^2 = 2xy\cos\alpha = c^2 \\ x^2 + z^2 = 2xz\cos\beta = b^2 \\ z^2 + y^2 = 2zy\cos\gamma = a^2 \end{cases}$$

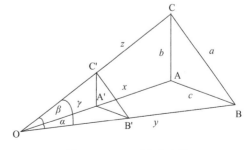

图3-25　P3P求解示意图

设 A'、B'、C' 分别是 A、B、C 在摄像机成像平面上的点，则在求得 x、y、z 后，利用 A'、B'、C' 坐标，根据摄像机的成像关系，就可解算特征点在摄像机坐标系下的坐标。PnP 算法可以应用于 VR 的定位技术，如红外光学定位技术，用来获取位姿信息。图 3-26 展示了其具体实现流程：

a. 摄像机获取目标物体的图像，然后在图像中提取出特征点；

b. 再利用 PnP 算法获得特征点在摄像机坐标系下的坐标；

c. 然后利用旋转理论将摄像机坐标系下的坐标转换到世界坐标系下，最终获得世界坐标系下特征点的信息。

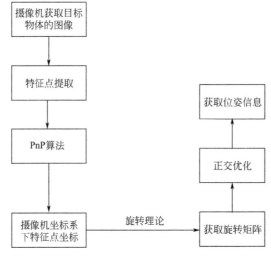

图 3-26　PnP 的流程图

④ POSIT 算法　实际上，POSIT 算法是上面提到的 PnP 问题迭代算法的一种，之所以特别提出来，是因为该算法具有收敛域广和算法速度快的优点，在 VR 行业中得到非常广泛的应用。迭代算法作为 PnP 问题解法的一个分支，相比于非迭代解法而言可以避免求解非线性方程组，在一定程度上减少了计算复杂度，该算法即是迭代算法的典型代表。

POSIT 算法输入为至少 4 个非共面的 3D 物体表面的 3D 特征点坐标及其对应的图像上 2D 特征点的坐标，它是基于 3D 物体上所有点都具有相同深度（忽略物体内部各点的深度差异）的弱投影假设实现的。

首先通过正交投影和尺寸变换关系求得三维物体位姿参数的初值（POS，Pose from Orthography and Scaling 算法），然后利用此初值对起始特征点进行重投影，将重投影所得的新的点作为新的位姿测量参数，重新运行 POS 算法，经过反复迭代直到满足所需的精度。

POSIT 算法具有以下优点：相对于传统迭代算法，POSIT 不需要一个近似的初始姿态估计；算法易于编写代码实现；相对于数值迭代算法，POSIT 算法的时间只是相当于前者的 10%。

应用：红外光学定位等 VR 定位技术。

第4章

虚拟现实的关键技术

Chapter 04

VR是多种技术的综合，包括实时3D计算机图形技术，广角（宽视野）立体显示技术，对观察者头、眼和手的跟踪技术，以及触觉/力觉反馈、立体声、网络传输、语音输入输出技术等。根据VR产品给消费者带来舒适及良好视觉的体验，业界明确提出VR产品的三大关键技术标准——低于20ms延时、75Hz以上刷新率及1K以上陀螺仪刷新率。

4.1 视觉技术

4.1.1 显示技术

立体视觉是计算机视觉学科的一个子学科，专注于从两个摄像头的图像数据中得到真实场景中物体离摄像头的距离。

（1）立体视觉

人的双眼同时注视某物体，双眼视线交叉于一点，叫注视点，从注视点反射回到视网膜上的光点是对应的，这两点将信号转入大脑视觉中枢，合成一个物体完整的像，该点及其周围物体间的距离、深度、凸凹等都能辨别出来。立体视觉就是人眼在观察事物时所具有的立体感。再进一步讲，人眼对获取的景象有相当的深度感知能力，而这些感知能力又源自人眼可以提取出景象中的深度要素。立体视觉的形成机制如下。

① 双目视差　由于人的两只眼睛存在间距（平均值为6.5cm），因此对于同一景物，左右眼的相对位置是不同的，这就产生了双目视差，即左右眼看到的是有差异的图像。

② 运动视差　运动视差是由观察者和景物发生相对运动所产生的，这种运动使景物的尺寸和位置在视网膜的投射发生变化，并产生深度感。

③ 眼睛的调节功能（适应性调节）　人眼的调节功能主要是指眼睛的主动调焦行为，是通过眼睛的晶状体进行精细调节的。焦距的变化，使人们可以看清楚远近不同的景物和同一景物的不同部位。晶状体的调节是通过其附属肌肉的收缩和舒张来实现的，肌肉的运动信息

反馈给大脑协助立体感形成。

④ 视差图像在人脑的融合　融合，是大脑的高级功能。双眼图像的融合过程，首先要依靠双眼在观察景物的同一会聚机制，即双眼的着眼点在同一点上。这种机制使得人的左右眼和在景物上的着眼点构成了一个三角形。通过这个三角形，判断出所观察的景物距人眼的距离。为实现这种机制，人眼肌肉需要牵引眼球转动，肌肉的活动再次反馈到大脑，使双眼得到的视差图像在大脑中融合。

除了以上几种机制外，研究表明人的经验和心理作用也对景象的深度感知能力有影响，比如图像的颜色差异、对比度差异、景物阴影，甚至是所观看显示器的尺寸和观察者所处的环境，都影响着人们的立体感觉。

图4-1展示了计算机模拟人眼立体视觉生成逼真的立体效果过程。VR引擎中采用合适的双目成像模型来生成立体图像。常用的模型有平行双目模型和会聚双目模型，这两个模型均是在虚拟场景中设定两个虚拟视点，在各自的视点处生成各自的二维图像，但由于它们的视轴方向不同，使得获取的立体图像对具有不同的性质。因为会聚模型可以模拟人眼的辐辏，所以会更贴近人眼的双目视觉，当前主流引擎主要依据的都是会聚双目模型。图4-2使用Unity引擎展示其设置。

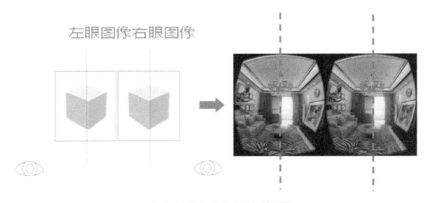

图4-1　立体视觉生成展示效果图

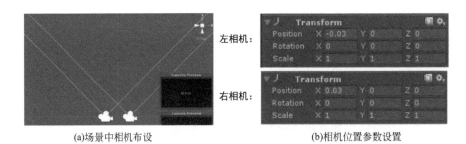

(a)场景中相机布设　　　　　　　　　　(b)相机位置参数设置

图4-2　双目模型

立体图像对呈现出来的立体效果的好坏主要决定因素是视差。视差的呈现是在获取到立体图像对后，再合成展示出来。视差又可以分为水平视差和垂直视差。研究表明水平视差能产生强烈的立体感，而垂直视差不利于立体图像的融合，甚至超过一定限度，会引起观看者的不适。因此，通常VR生成时只考虑水平视差，即三维场景中一台虚拟摄像机的Z坐标与派生出的左右两路摄像机的Z坐标保持一致。

（2）VR显示技术的改进

VR成像原理中的不足之处：戴上头显后，用户就处于一个如图4-3所示的密封视觉环境中，但二维显示屏并不能产生真正的3D信息，因而并没有带来一个真正的虚拟世界。由于屏幕相对眼球的距离不变，即焦点会长期保持不变，但不同的图像会带来不同的景深信息，眼球焦点却没有得到对应的调节。当视觉系统的平衡被打破，就很容易导致眩晕、恶心、呕吐等不适症状。这种晕动症的来源在于身体和大脑对运动和静止的感觉冲突，视觉系统会与脑前庭器官发生冲突，如果身体认为在移动的时候大脑却认为静止不动，就会发生晕动症，反之如果大脑认为在移动而身体感觉是静止的，则称为模拟眩晕症。晕动症对VR"沉浸感"的破坏性最大，归根结底，还是现有产品技术实力不足以完全欺骗人类大脑。

图4-3　用户戴上头盔后的情形

VR技术的关键在于能否成功欺骗人的大脑和身体，使人能够完全沉浸在虚拟画面中，将其误以为是真实。如表4-1所示，VR产品要实现完全的沉浸效果，在屏幕分辨率、刷新频率等多个指标上都要较现有产品有几倍甚至几十倍的提升。

表4-1　VR显示技术所面临的困难

存在问题	情况介绍	解决方案
角度问题	由于显示屏是平面结构，用户头部转动后，物体则需要出现在屏幕上不同位置	短期：算法校正 长期：采用新显示技术
景深问题	物体虚像与观察者的距离构成了景深，两个一样大小的物体在景深不同的情况下，观察头部转动的角度，两者屏幕位移距离不同	算法校正，强化计算能力
追踪问题	设备要能准确地追踪头部转动的角度或者发生的位移，才能通过算法改变屏幕上的图像，使VR中的虚像固定在相同位置。只有达到能辨别1mm移动的精确度才足以欺骗人的大脑	强化计算能力
延迟问题	观察者快速移动头部会带来抖动。每秒1000～2000次的刷新频率，能解决屏幕抖动问题。现在游戏刷新频率一般在每秒60帧，因此，VR屏幕的刷新频率要达到现代游戏的刷新频率的17～33倍以上	强化计算能力，屏幕升级，采用新显示技术

续表

存在问题	情况介绍	解决方案
分辨率问题	VR头显距离眼睛只有几厘米，对分辨率要求更加苛刻。目前还没有能使VR设备实现视网膜显示的高像素密度显示屏。驱动这类高像素显示屏要求更出色的处理器	强化计算能力，屏幕升级，采用新显示技术
移动控制问题	目前VR设备大体解决了旋转测试的问题，在原地观看能够实现沉浸式体验，例如采用键盘移动，则身体感觉未动，而眼睛认为行动，不协调导致大脑察觉到并非现实	使用摄像头检测或触觉反馈追踪肢体动作

比如视网膜屏幕，乔布斯在iPhone 4发布会上的定义是"当你所拿的东西距离你10～12in（约25～30cm）时，它的分辨率只要达到300PPI（每英寸300个像素点）以上，你的视网膜就无法分辨出像素点。"该定义的前提是假设使用者的视力为1.0，且使用距离在25～30cm。实际上一些使用者的视力能够达到1.5～2.0，且习惯于更近地使用手机，因此以后的视网膜屏手机PPI甚至达到450以上。相比之下，VR设备类似眼镜，与人眼距离仅2～3cm，因此要想达到分辨不出像素点的视网膜屏显示效果，现有的硬件水平还有很长的路要走。

再比如屏幕抖动的问题，VR头显佩戴在眼前，人体轻微的抖动都将带来画面巨大的偏移。想要解决画面偏移问题，只有提高画面刷新频率，目前预测每秒1000～2000次的刷新频率，就能够完全解决屏幕抖动问题，但目前主流游戏刷新频率一般在每秒60帧（有些甚至只有30帧），因此VR屏幕的刷新频率要达到现代游戏的刷新频率的17～33倍以上。

正如PC发展到一定阶段后，硬件性能的提升对普通用户的边际效应不再明显，而智能手机更快地走过了类似的道路，运算性能与PC相差无几，屏幕分辨率已达视网膜效果，进一步减薄的效果也不明显。VR设备正方兴未艾，亟待具有更高运算性能、更好显示效果、更轻薄的机身架构的零部件推动产品升级。从这个角度可以看出，VR是能够推动智能硬件整体产业链快速发展的下一代王牌。

4.1.2　光学技术

（1）光学：VR核心器件

人体对外界的感知70%～80%依赖视觉，显示技术对VR的发展具有至关重要的意义。目前VR设备仍然延续了智能手机的面板显示技术，而AR设备已经大量采用光学微投技术。长期来看，随着VR与AR的逐步融合，占用空间小、灵活轻便的微投技术地位将更加重要。

以图4-4所示的谷歌眼镜为例，其关键的光学成像部分不到一个手指甲的大小，光学微投影仪发出的光学影像，通过一块棱镜直接折射到视网膜中成像。图像经过投影仪与棱镜反射后会聚于凸透镜（菲涅尔透镜）的焦点上，当从另一端看，焦点上发出的光通过凸透镜后变成平行光聚焦成像于无限远处，使得眼睛在看远处的图像时能够同时看到眼镜上的图像。这就实现了极近距离下虚拟景象和现实景象的叠加。微软HoloLens使用了典型的投影光学技术，为了精确模拟画面的视觉感官，让每个画面都有真实的空间和距离感受，光线会在所谓的"光引擎"中反射多次，然后进入两块镜片，再经过多层红绿蓝色的镜片，最终进入用户的眼睛。

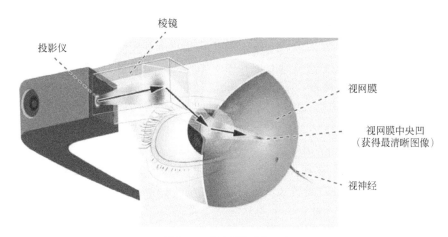

投影仪 棱镜 视网膜 视网膜中央凹（获得最清晰图像） 视神经

图4-4 谷歌眼镜成像原理

显示技术发展存在多种技术路线，目前LCD技术在室内显示，LED在户外显示，都占据较大的市场份额，而其他各类显示技术因其独特的特点，在各个特殊领域占有自己的一席之地。目前主流显示技术包括CRT、DLP、PDP、FED、OLED、GLV、LCD、LED、Holovideo、Holoscreen、Lcos等。VR时代显示技术的新趋势如下。

① OLED的潜在机会 OLED（Organic Light-Emitting Diode）即有机发光二极管显示技术，具有超薄超轻、可视角度大（甚至可以做成曲面）、节省电能的优点，但存在着有机物老化而导致的设备寿命较短和大屏化难度较大等问题。因轻薄、可曲面、节能等优点，OLED一直被视为下一代面板显示技术的重点方向，但也因其使用寿命和大屏化难度过高，始终未能占据较大的市场份额。三星最先推广的AMOLED在小尺寸市场取得进展，随后LG、Sony等也先后跟进，华星光电和京东方也先后在新建产线中对AMOLED进行布局。

OLED相比LCD屏余晖滞留的时间比较短，画面的刷新切换能更快，Oculus在Rift DK2之后将LCD显示屏更换为三星AMOLED屏幕，因为VR设备显示屏具有屏幕规格较小、对分辨率和刷新频率要求高、外部具有保护等特点，OLED显示屏具有更好的发挥空间。而Sony PSVR等仍继续采用LCD屏幕，因此TFT-LCD和OLED两种技术的较量仍将继续。

②投影技术将得到更多用武之地 当光源与屏幕间的不透明或半透光物体具备图案及颜色变化时，屏幕上的成像将会跟随变化，这就是投影机的基本原理。主流投影机技术包括CRT、LCD、DLP、LCOS以及激光投影（Laser+LCOS或Laser+MEMS）等，下面分别进行简要介绍。

a.CRT技术逐渐被淘汰。

b.3LCD投影技术是将灯泡发出的光分解成R（红）、G（绿）、B（蓝）三种颜色（光的三原色）的光，并使其分别透过各自的液晶板（HTPS方式）赋予形状和动作。采用3LCD技术的投影机，由于经常投射三种原色，可以有效地使用光显现出明亮清晰的图像，有着图像明亮自然、柔和等特点。

c.DLP（Digital Light Processor）即为数字光处理，先把影像信号经过数字处理，再把光投影出来。它是基于TI（美国德州仪器）公司开发的数字微镜元件DMD（Digital Micromirror Device）来完成可视数字信息显示的技术。该技术利用RGB三原色LED作为光源，投射在一个大量微晶片组成的DMD芯片上，每个微晶片控制一个像素。芯片上的微处理单元快速地控制光源和微晶片，将光源及画面颜色投射到荧幕，由人眼进行混色工作。

d.LCOS（Liquid Crystal on Silicon）即硅基液晶，是一种基于反射模式、尺寸非常小的矩阵液晶显示装置。这种矩阵采用CMOS技术在硅芯片上加工制作而成，像素的尺寸可达到几微米大小。该技术成像原理与LCD的技术类似，是在硅晶圆与集成驱动电路中灌注液晶，并透过芯片施加电压，改变上方的液晶排列方式，以控制色彩变化。与LCD的差异是LCOS芯片表面上镀了一层铝作为反射层，将色彩与光纤向外投射。

e.激光投影技术和MEMS方向主要有Microvision，由于成本过高以及直接将激光投影至人眼的安全性考虑，应用还局限在尖端仪器方面。

CRT和LCD投影机采用透射式投射方式，DLP、LCOS采用反射式投射方式。CRT和LCD投影机技术成熟，应用时间较长，性能稳定。而DLP和LCOS技术是后起之秀，两者的参数对比如表4-2所示。透射式显示的光线透过屏幕在视网膜上成像，光线没有经过反射，因此其中的高能量光线直接伤害到了眼睛。尤其是目前普遍使用的LED背光，其中高能蓝光的伤害不容小觑。而反射式显示采用反射光，经过反射的光可以过滤掉大量高能量、穿透性强的光谱。因为能量高、穿透性强的光基本上不反射，所以经过反射的光对眼睛都是无害的，非常类似日常看到的真实景物。VR时代将是微投影技术大显身手之时，DLP和LCOS技术用武之地将大大加强，而3LCD技术也有应用案例。微投影行业刚刚开始发展，成本、体积和功耗指标对于眼镜等穿戴式VR设备具有决定性的竞争力。

表4-2　主流技术比较

技术名称	LCOS	DLP
工艺难度	较低，标准液晶封装	很大，机械实现微反射镜阵
尺寸	基本相同	
广电效率（功耗）	小于0.1W	由于DMD芯片上有处理器，功耗远超过LCOS
相同大小芯	高	低
色纯度	基本相同	
对比度	DLP具有优势，但由于外界光对比度影响较大，实际效果基本相同	
技术	LCOS芯片设计封装：Syndiant、Display Tech、奇景光电以及长江力伟 光学组件：奇景光电、长江力伟、水晶光电	由德州仪器（TI）独家掌握

微型投影仪的基本结构包括三大部分：光学光机模组、光源及驱动模块（即以芯片为核心的整体电路模组）。微投光机模组中，镜头的设计与镀膜滤光的水平是最核心的技术。

（2）光学显示技术

VR中的显示技术需要服务于VR，即营造一种逼真的虚拟环境，让用户具有很好的沉浸感。沉浸感是用户感觉到的虚拟环境的真实程度，良好的沉浸感会使得用户难以分辨环境的真假，需要从人眼视觉特性着手，单目视场角为水平150°、竖直120°，两只眼睛的视场只有部分重合，重合区域为50°～60°。同时，人眼的分辨率由视场中心到边缘迅速下降。另外，两眼观察同一景物时，由于左右眼的区别，每只眼睛的视角会有所差别，双眼的视差会使得大脑获得物体的深度信息。作为VR的显示设备，应当具有与人眼类似的视场角、良好的显示效果（足够的分辨率和色彩显示性能），并且能够在一定程度上满足人眼立体视觉的特性。

HMD是最为典型的VR显示系统，也是目前应用最为广泛的VR显示系统，佩戴在用户头部，可以随着用户移动和转动，并向用户眼睛显示图像信息的设备。HMD系统的分类是多样的，按照所采用显示器的大小，可以分为采用微显示器与较大显示器的头盔显示系统。按照物像关系，可以分为目镜式与非成像式头盔显示系统，大多数HMD中的微显示器与用户眼底具有物像关系，属于前者；而视网膜投影（扫描）头盔以及光场显示头盔则不是。按照立体感的程度划分，常见的HMD利用左右眼双目视差形成立体感，而多焦面头盔、视网膜投影（扫描）头盔、光场头盔和利用单眼视觉的头盔等利用人类视觉的深度感知特性，能产生更真实的立体感。

除了多焦面与视网膜显示外，光场成像，或者说集成成像，也能够实现真实立体感。光场显示模拟了真实场景中的光线的位置和传播方向，光场HMD常常借助微孔阵列或者微透镜阵列，所要显示的每一个点，都由数条不同传播方向、但反向延长线相交的光线表示。有研究人员利用多层LCD屏与定向背光照明，通过张量显示的方法获得了沉浸式光场头盔显示，其外形尺寸与采用中等大小显示器的目镜头盔相当。在自由曲面棱镜与它的微显示器之间加入微孔阵列，获得光场HMD，并且通过实验验证了其具有200mm ～ 1m的深度显示范围，参见图4-5。采用微透镜阵列与自由曲面棱镜的组合，可获得类似的深度显示效果。对于沉浸式显示而言，可以直接在显示器前一定位置放置微孔阵列或者微透镜阵列，构成光场HMD。利用OLED微显示器与微透镜阵列实现的光场显示器，在包含机械结构的情况下只有11mm，约为普通目镜系统的1/4，其外形与显示效果如图4-6所示。沉浸式光场HMD的优点是厚度薄、重量轻，具有真实立体感。但缺点也很明显，为了实现对光线传播方向的采样，牺牲了空间分辨率，利用小孔阵列或者液晶屏开关系统显示的图像，由于衍射效应会产生弥散。另外为了获得最终的显示效果，显示器上的内容需要很大计算量才能获得。研制出具有高分辨率的光场头盔显示系统，会将光场头盔的实用化又向前推进一步。

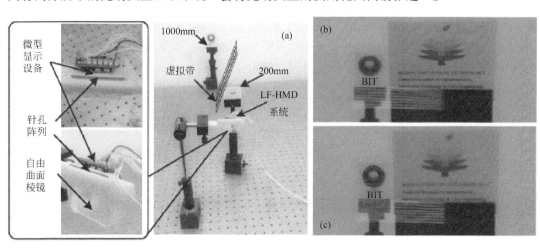

图4-5 光场HMD

（a）原理样机；（b）（c）为聚焦于200mm和1m处的显示效果，条纹为显示的虚拟图像

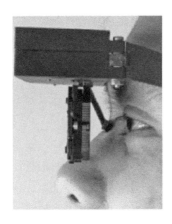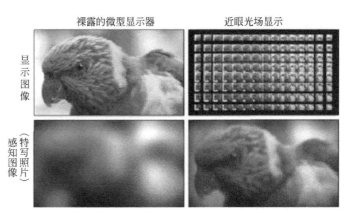

图4-6　光场显示设备

VR的显示手段多种多样，各具特色，HMD是最为典型也是最具有发展前景的VR显示设备，小型化与大视场高分辨显示依然是头盔显示发展的趋势。当前的头盔显示系统的研究热点已经从单通道的左右视差型头盔向多通道、兼具大视场与高分辨率以及真实立体感头盔的方向转移。除了具有物像关系的传统目镜式头盔显示外，新型的视网膜显示技术和光场头盔显示技术蓬勃发展。

目前的HMD距离长时间使用中舒适的用户体验还有很长的路要走。解决会聚与聚焦的不匹配问题是提高用户舒适度的一个重要步骤，目前多焦面头盔还难以实现轻小型的实用系统。视网膜显示设备的严格佩戴精度要求，使得用户体验大打折扣。而对于光场头盔，如何实现优良的图像显示效果是有待解决的问题。

不同技术交叉融合，各取所长，将会诞生出新型的高性能HMD。视网膜显示技术与多视点技术的结合，产生了具有真实立体感的HMD；集成成像与自由曲面棱镜的结合，诞生了光场头盔显示系统。此外，近些年眼动跟踪技术的发展也对头盔显示技术有所促进，带有眼动跟踪功能的HMD可能具有更加轻小的结构和更加卓越的性能。透射式头盔显示技术与其他VR显示技术，例如投影技术、CAVE等相结合，能产生多层次的VR显示效果以及适用于多用户的VR显示系统。

除了头盔以外的显示方式仍然有一定的发展与应用前景，尤其是计算全息显示系统，如果计算能力不足的难题得以突破，空间光调制器的分辨率得以提高，则不失为一种优秀的真实立体感VR显示方式。

4.2　传感技术

传感技术是VR中的一项关键技术，传感器被用于定位监测、测距与使用者的移动摆手等，是实现人机交互功能的核心组件。VR中涉及的传感设备主要包括两部分：一是用于人机交互而穿戴于操作者身上的HMD、控制器、数据手套、数据衣等传感设备，涉及操作者头部、手部与躯体跟踪设备以及声音交互设备；另一是用于正确感知而设置在现实环境中的各种视觉、听觉、触觉、力觉等传感装置。传感器应用得好坏，在很大程度上决定了VR设备的用户体验。本节简要介绍VR技术中所涉及的几种传感技术。

4.2.1 光传感

VR中涉及如下三种主流的光传感技术。

（1）结构光（Structure Light）

代表应用产品是微软家Xbox 360的Kinect一代，核心技术由PrimeSense公司提供，该公司已被苹果收购。图4-7使用投影法展示结构光技术的基本原理，加载一个激光投射器，在它的外面放一个刻有特定图样的光栅，激光通过光栅进行投射成像时会发生折射，从而使得激光最终在物体表面上的落点产生位移。当物体距离激光投射器比较近的时候，折射而产生的位移就较小；当物体距离较远时，折射而产生的位移也会相应地变大。这时使用一个摄像头来检测采集投射到物体表面上的图样，通过图样的位移变化，就能用算法计算出物体的位置和深度信息，进而复原整个三维空间。

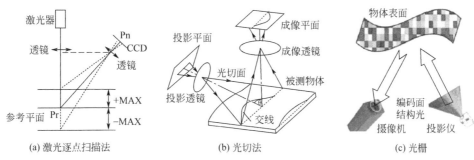

图4-7　结构光技术投影法原理图

（2）光飞时间（Time of Flight，TOF）

代表应用是微软Kinect二代产品Kinect One，感应器如图4-8所示。此外，SoftKinetic也采用此技术为Intel提供了具备手势识别功能的三维摄像头。TOF技术的基本原理如图4-9所示，加载一个发光元件，发光元件发出的光子在碰到物体表面后会反射回来。使用一个特别的CMOS传感器捕捉这些由发光元件发出、又从物体表面反射回来的光子，就能得到光子的飞行时间。根据光子飞行时间，进而可以推算出光子飞行的距离，也就得到了物体的深度信息。就计算上而言，光飞时间是三维手势识别中最简单的，不需要任何计算机视觉方面的计算。

图4-8　Kinect for Xbox One示意图

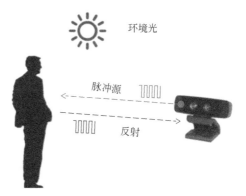

图4-9　3D TOF成像原理图

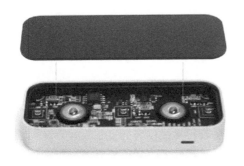

图4-10 Leap Motion的结构图

（3）多角成像（Multi-camera）

代表应用是Leap Motion，图4-10为其结构图。这种技术的基本原理是使用两个或者两个以上的摄像头同时摄取图像，就好像是人类用双眼、昆虫用多目复眼来观察世界，通过比对这些不同摄像头在同一时刻获得的图像的差别，使用算法来计算深度信息，从而多角三维成像。多角成像是三维手势识别技术中硬件要求最低，但同时是最难实现的。不需要任何额外的特殊设备，完全依赖于计算机视觉算法来匹配两张图片里的相同目标。相比于结构光或者光飞时间这两种技术成本高、功耗大的缺点，多角成像能提供"价廉物美"的三维手势识别效果。

以上三种主流的解决方案，均有大大小小的厂商瓜分着市场。无论对于体感还是手势识别，PC端的VR交互正在日趋完善，哪怕是操作复杂、需要深度交互的大型游戏，这些解决方案也能完美处理。可是，它们都存在着一个巨大的前提——额外的摄像头或是传感器设备，这令它们无法适用于移动VR。

如果需要识别深度信息，从而完成手势交互，必定需要为手机外接额外图像传感设备或者附加于VR头显上。为了实现该功能，用户需要额外付出299元、699元、甚至999元，这对于一个只是想要在移动端体验一下VR的用户而言，恐怕是难以接受的。若要改进交互方式，除了期待高精度的语音识别，就是基于普通单目（手机）摄像头的手势识别。GearVR/Cardboard或国内大型移动端头显厂商（如暴风魔镜/Pico），均留出手机摄像头的探出区域，基于2D视觉信息的识别，通过RGB解析与算法优化，依旧可以出色地识别手势的动态信息，相信这是未来移动VR交互方式的主流。

4.2.2 相关传感器

PC VR头盔中包含的传感器，有高质量陀螺仪、加速度传感器、地磁传感器、位置跟踪器等。

（1）陀螺仪、加速计、磁力计

① 陀螺仪就是内部有一个陀螺（图4-11），它的轴由于陀螺效应始终与初始方向平行，这样就可以通过与初始方向的偏差计算出实际方向。头盔里陀螺仪实际上是一个结构非常精密的芯片，内部包含超微小的陀螺。陀螺仪测量参考标准是内部中间在与地面垂直方向上进行转动的陀螺，通过设备与陀螺的夹角获得结果。

② 加速计是用来检测头显受到的加速度的大小和方向。头显静置时只受到重力加速度，很多人将加速计功能又称做重力感应功能。加速计是以内

图4-11 陀螺仪内部构造示意图

部测量组件在各个方向上的受力情况来获得结果的。

③ 磁力计用于测试磁场强度和方向，其原理与指南针一样。

陀螺仪的强项在于测量设备自身的旋转运动，对设备自身运动更擅长，但不能确定设备的方位。加速计的强项在于测量设备的受力情况，对设备相对外部参考物（比如地面）的运动更擅长，但测量设备相对于地面的摆放姿势时，精确度不高。磁力计的强项在于定位设备的方位，可以测量到当前设备与东南西北四个方向上的夹角。

陀螺仪对设备旋转角度的检测瞬时是非常精确的，能满足需要高分辨率和快速反应的应用（比如FPS游戏的瞄准）。加速计可用于有固定的重力参考坐标系、存在线性或倾斜运动但旋转运动被限制在一定范围内的应用。同时处理直线运动和旋转运动时，就需要结合使用加速计和陀螺仪。如果还想运动时设备不迷失方向，就需加上磁力计。

（2）位置跟踪器

Oculus的位置跟踪器像是一台传统摄像头（图4-12），需要两根线连接。它是DK2最显著的新特性，本质上是通过Rift头显上多个红外发射头，发射红外信号到接收器。接收器可以夹在显示器上方，或者固定在三脚架上。虽然官方文档里位置跟踪传感器的刷新率是60Hz，但实际感觉延迟很小，仅比头部跟踪传感器慢了一点

图4-12　Oculus的位置追踪器示意图

而已，正常使用不会引起眩晕。遍布DK2机身的红点（图4-12），是用于定位的红外标记点，肉眼不可见，手机拍摄可见。位置跟踪器可以在0.5～2m范围内，距离接收器一个锥形体内，跟踪人的位置运动。如果保持1m以上的距离，基本可将一套广播体操的动作捕捉到位。将小范围的头部线性运动加入到VR应用，将会很大程度上提升沉浸感和降低眩晕概率。

2017年CES展上，HTC发布了Tracker组件［图4-13（a）］，能够让开发者更容易地把一般物体变为能够使用Vive的LightHouse追踪的产品。在Steam VR系统的配合之下，这款外设可以和球棒、手套、枪［图4-13（b）］、相机等多达上千种外设相连接，连接之后将支持使用者用新的姿势来体验VR。下面介绍VR应用中Vive Tracker的配置过程。

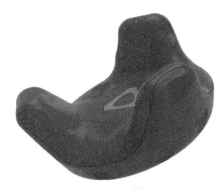

(a)Tracker示意图　　　　　　　　　　　　　　　(b)Tracker应用图

图4-13　Vive Tracker的示意及应用图

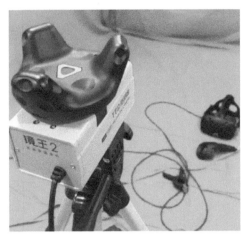

图4-14 将跟踪器与三脚架安装牢固连接到摄像机

① 安装跟踪器 将跟踪器与三脚架安装牢固，连接到将要使用的摄像机，如图4-14所示，保持水平，校准后如发生了位置改变，需重新校准。

② 使用固件程序刷新跟踪器

a.下载Vive Tracker角色更换器。

b.从电脑上拔下Vive。

c.通过USB电缆插入跟踪器。

d.运行角色更换器工具并按照提示进行操作。

e.工具将报告跟踪器当前正在报告的内容，并提供切换其角色报告的选项。

f.完成后，拔掉跟踪器并重新启动Steam VR，重新连接。

注意：此工具用于更改跟踪器在Steam VR中作为控制器读取的角色，适用于尚未正确识别设备的应用程序，例如基于Unity引擎制作的VR视频。当跟踪器的驱动报告显示为控制器时，如果系统不要求进行更新，则不要更新固件，直到它再次报告为跟踪器为止。此处"Vive Tracker角色更换器"工具的目前版本为0.8。

③ 设置跟踪器

a.将随附的加密狗、接收端USB连接到计算机。

b.按住电源按钮打开跟踪器。

c.验证它可以由Steam VR检测到即可。

④ 创建一个新的配置文件（CFG）

a.下载MixedRealityConfigurator工具。

b.选择VR摄像机。

c.打开一个Vive控制器，并使用USB电缆插入跟踪器。

d.通过佩戴头盔并确定Vive控制器被正确识别为虚拟摄像机即可。

e.按照配置器中的提示创建一个正确的CFG文件（确保在不同的水平和垂直平面上的几个视觉标记上进行校准）。

f.将CFG放在游戏的基本目录中，现在只适用于Unity开发的游戏应用。

4.3 跟踪技术

精确的跟踪定位技术是各种VR产品的核心，本节将从相关概念出发，讨论VR跟踪技术的概念、原理和相关应用。

4.3.1 相关概念

（1）名称解释

位置追踪、位姿估计和动作捕捉是VR中三个比较容易混淆的概念，下面分别进行说明。

① 位置追踪 指的是持续地明确感兴趣物体在三维空间中的位置，即获取该物体在3D世界中的坐标（X、Y、Z值），位置信息是三自由度（Degree of Freedom，Dof）。物体可能是观众的头，也可能是一把椅子，占有一定的体积，而位置是一个点的概念，物体的位置指的是物体上某一点在三维世界中的坐标。这个概念很重要，一点点偏差带来的VR体验差别可能会很大。

② 位姿估计 指的是持续地明确感兴趣刚性物体在三维空间中的位置和旋转，位姿信息是六自由度，VR中应用中需要的是该信息，而不是位置信息。由于空间点没有旋转信息，因而旋转是针对三维物体。刚体上的不同点A、B的位置不同，如将A、B分别与刚体上的点C连接起来，那么线段AC、BC相对于初始状态的旋转角度相同。说到初始状态，位置、旋转都有其原点，只要保证模型的旋转零点与实际道具的旋转零点一致，道具水平、竖直或者斜放都可认为是旋转零点（旋转角度是0）。

③ 动作捕捉 是指捕捉人全身的动作。人有很多关节（比如小臂、大臂等），都可以看作是一个刚体，因而人的动作有很多自由度。在实际的动作捕捉应用中，一般捕捉较大关节的动作。要想捕捉骨骼肌肉的运动情况，代价较大，较难实现。

（2）主流追踪技术

现在的主流追踪技术大概分为光学、惯性、电磁、机械、UWB等。

光学最复杂，也分几个子流派，比如按照相机和标记点数量，可以划分为单相机单标记点（PS MOVE）、单相机多标记点（PS VR、Oculus、HTC Vive、SLAM）、多相机单标记点（Ximmerse、depth VR）以及多相机多标记点（青瞳、Optitrack）等几种方案；标记点是否有源，可进一步分为主动与被动标记点方案；根据相机曝光方式不同，可以分为卷帘快门和全局快门；其他还有基于压电、声音等传感器技术。

光学中单标记点方案只能捕捉刚体在空间中的3Dof信息，多标记点方案则可捕捉6Dof位姿信息，多相机多标记点方案可捕捉全身动作。单标记点就如数学上的一个小球，在空间中只有位置信息，无论怎样旋转还是球。如果刚体上的两个球连成一条线，就可以捕捉5个Dof，3个及以上球则能解算6个Dof。

惯性和机械方案既无法捕捉位置信息，也无法捕捉位姿，只能捕捉人的全身动作。电磁方案可捕捉位姿和全身动作。UWB主要用来捕捉位置信息。由于每种方案都有自己的优缺点，因此实际使用中多是混合方案。

4.3.2 典型应用

（1）红外光学定位

红外（多相机多标记点）方案由于全面性被广泛采用，最具代表性的产品有如图4-15所示的Opti Track光学定位摄像头（诺亦腾的定位方案）。这类定位方案的基本原理是利用多个红外发射摄像头对室内定位空间进行覆盖，在被追踪物体上放置红外反光点，通过捕捉这些反光点反射回摄像机的图像，确定其在空间

图4-15 红外光学追踪定位示意图

中的位置信息。系统搭建前，需进行摄像头的内参（与相机本身有关）校准与外参（与相机之间的关系有关）校准，然后通过三角重构的方法恢复出标记点在空间中的位置信息。

相机拍照是一个由三维映射到二维的过程，损失深度信息。校准内参后，图像上任何一点可以反求出其在三维空间中的射线方向，那么，如果有两条射线相交就能求出该点在空间中的位置信息。标记点通常是运动的，拍照时两个相机需要同步；假如标记点静止不动，也可以用同一相机在不同的位置拍照计算。实际图像中，所有标记点都只是一个个的小白点，需要将它们区分出来，一一对应后再执行三角重构。确定标记点的位置信息后，就可以计算出一组标记点的6Dof或者计算出人体的关节运动信息。整个过程涉及到相机校准，标记点的图像提取、识别与匹配，深度信息恢复，标记体的6Dof恢复，另外还需要处理遮挡、噪声等干扰因素。

该系统有着非常高的定位精度，如果使用帧率很高的摄像头，延迟会非常微弱，能达到非常好的效果。它的缺点是造价昂贵，且供货量很小。一个120帧/秒的摄像头，刚好能达到VR应用不产生晕眩感的延迟20ms左右，造价在1000美元以上，而要覆盖一个大概5m×5m的定位空间，一般需要6～10个摄像头，成本非常高。主要应用场景是影视制作、动画录制等商用方向。

（2）激光追踪定位

这类追踪定位技术的代表产品为HTC Vive的LightHouse室内定位技术和G-Wearables的Step VR产品动作捕捉及室内定位系统。基本原理就是利用定位光塔，对定位空间发射横竖两个方向扫射的激光，在被定位物体上放置多个激光感应接收器，通过计算两束光线到达定位物体的角度差，解算出待测定位节点的坐标，示意图如图4-16所示。

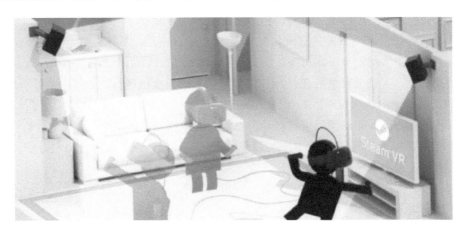

图4-16　激光追踪定位示意图

这类系统相比之前的红外光学系统的优势如下。

① 成本低。相对昂贵的红外动作捕捉摄像机，利用激光光塔进行动作捕捉的成本相对低廉很多。虽然之前高盛对HTC的产品进行估价高达1000美元左右，但是集成HMD及运动手柄，单算到追踪定位系统的价钱在400美元左右。而G-Wearables的售价低至千元人民币以下。

② 定位精度高。在VR领域，超高的定位精度意味着卓越的沉浸感。激光定位方案的精度可以达到毫米级别，这也成就了HTC体验到的非常震撼的感觉。

（3）可见光定位技术

相比前两种解决方案，此类方案的价格便宜很多，精度相对来说也低很多，而且受自然光的影响也比较大。和红外定位相似，可见光定位的方案也是用摄像头拍摄室内场景，但是被追踪点不是用反射红外线的材料，而是主动发光的标记点（类似小灯泡）。不同的定位点用不同的颜色进行区分，正是因为这种特性，可追踪点的数量非常有限。

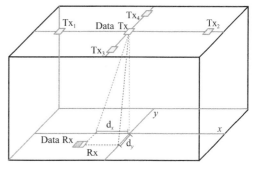

图4-17　可见光追踪定位示意图

然而其算法简单、价格便宜、容易扩展的特性，使它成为了目前VR市场上相对比较普及的定位方案。The Void、Zero Latency和很多国内的线下VR体验店，目前都采用的这种方案，图4-17是这种方案的示意图。

光学的强项在于能够提供绝对的位置和方向信息，但是容易被遮挡，数据易抖动，刷新率低（高刷新率导致成本急剧上升）。惯性的强项是检测动态数据比如角速度和加速度很精确，不会被遮挡，刷新率很高，但是测量位置信息会有累积误差，而磁场的不稳定也导致惯性方案没有绝对的方向信息。

它们的融合方案主要分为两种：一种是简单地由光学提供位置信息，惯性提供方向信息，该方案的优点是成本低，缺点是未排除光学与惯性的缺点；还有一种是光学与惯性做数据融合，LightHouse方案的数据融合做得非常好，有时光学信息虽然只有30帧，但精度高，数据也平滑稳定。

如今追踪技术的趋势是采用深度相机的方案，从技术实现的终极形态来看，深度相机结合惯性方案，可以完成SLAM、动作捕捉、物体的识别与定位等一系列功能，但是技术难度还是很大。

（4）眼球追踪技术

FOVE公司开发了全球第一部使用眼球追踪技术的消费级HMD，拥有360°视角，结合了眼球和头部位置追踪、定位传感等技术，让用户可以用眼睛控制显示器。该设备使用了非干扰性红外眼球追踪技术，延时低，精确度高，也不会干扰用户视觉。拥有该技术后，FOVE用户能与游戏角色进行眼神接触，武器锁定也比鼠标和键盘更便捷，只要看到目标，就能即时进行锁定。微软已经投资入股FOVE，未来眼球追踪技术有可能应用在微软智能眼镜和Xbox游戏机配件中。Sony同样在布局眼球追踪技术，MagicLab实验室Eric Larsen的眼部追踪项目，结合SensoMotoric Instruments公司的眼部追踪摄像机，做到用使用者的眼神注视来控制游戏。比如说在射击游戏中，玩家可以使用一只眼睛来瞄准射击目标，一眼致命；在角色扮演游戏中，恶狠狠地盯着某位NPC看，他可能就会浑身不自在。

4.4　手势捕捉

在VR游戏领域，游戏手柄和其他类型的控制器只能改变状态的特点，成为硬伤。譬如，为iOS和Android设备设计的游戏（愤怒的小鸟、水果忍者等），由于是为手控操作而准备，不适合用手柄来玩，用户不会用手柄去切水果。本节介绍当前两种主流的手势捕捉方案。

4.4.1 基于惯性测量单元的捕捉：手柄，数据手套

惯性传感是非光学动捕中最主要的技术。三星Gear VR没有采用更先进的红外跟踪方法，而是使用了惯性测量单元（Inertial Measurement Unit，IMU），它是集磁力计、加速度计和陀螺仪为一体的"多合一"设备。与大多数智能手机不同的是，IMU是专门用来减少滞后现象和改善头部跟踪性能的。其中，加速度传感器可用于判别较大的动作，陀螺仪可判断较细微的动作，而地磁传感器或磁力计则用以判别方向。惯性传感器能够测量节点自身的横滚角、俯仰角和航向角数据，获得自身的运动姿态；通过对多个节点数据的分析，可得到节点间的相对位移，从而实现动作捕捉。这种技术也就是常说的惯性动捕。其主要优点：价格低廉，设备简单，对环境要求低（九轴传感器易受环境磁场干扰），运算量小，精度较高，但仍比不上光学动捕；其主要缺陷就是传感器的零点漂移问题，惯性传感器在使用一段时间后，会因为漂移和误差累计而出现较大的偏差，需要重新校准。大多数惯性动捕设备都需要额外集成光学定位设备来确定手的空间位置。

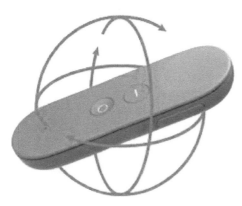

图4-18　Daydream View蓝牙控制手柄

IMU以前主要用在飞机上，因此成本较低，现在大部分智能手机都配备了。谷歌Daydream View的蓝牙手柄控制器内置了九轴IMU传感器，以实现精准跟踪，如图4-18所示。在CardBoard和很多移动端VR中，都是使用转动头部来控制光标。而Daydream的手柄则在VR中发出虚拟激光移动光标，避免过多的头动交互引发脖子疲劳，是交互的一大进步。该交互用到了IMU，连续运动更多地用到的是控制器里的陀螺仪，传回来的只要角速度。由于它只有3自由度的方向追踪，而没有6自由度的位置跟踪，所以该控制器只能改变方向的摆动。

惯性动捕的代表有国内的北京诺亦腾Noitom、广州幻境、超感spring VR、Xptah等，国外的Manus等。诺亦腾是较早涉足惯性动捕的团队之一，早几年的全身动捕产品据说曾应用于美剧《权力的游戏》的拍摄过程，2017年CES展上联合HTC VIVE的Tracker，推出了一款动捕手套hi5gloves，如图4-19所示。它是通过穿戴在演员手上的模块来计算、生成运动捕捉数据，一定范围内通过蓝牙和WiFi信号实现无线连接。优点是设置简单、场地约束小，理论上可以在任何地方工作，缺点是动作还原度比较差，位移计算误差大，有些动作比如武打和跳舞的动作还原起来比较困难；再有就是双人捕捉，容易出现位移误差变大，无法执行交互动作。

广州幻境则采用惯性传感器+弯曲传感器的技术路线，降低了惯性传感器漂移问题对动捕的影响，产品示意图如图4-20所示。幻境主打手势识别，在广州VR展上发表了手势识别Demo。幻境也将推出完全基于惯性传感器的动捕设备。国外的Manus采用的是与幻境一样的惯性+弯曲的技术。

图4-19　hi5gloves示意图

图4-20　幻境Null Touch示意图

4.4.2　基于计算机视觉的手势捕捉

　　VR环境中加入手势控制实现互动，可以增强真实性体验。当前VR中基于计算机视觉的手势捕捉代表性产品是Leap Motion。PC和Mac版的Leap发布于2013年，其结构图如图4-10所示。硬件上这款产品并不复杂，包括两个摄像头和三个红外LED，重要的是软件技术。最初是为电脑交互设计，由于VR中无法使用鼠标和键盘进行操作，这种自然交互方式在VR里更受欢迎。从原理上讲，根据内置的两个摄像头从不同角度捕捉画面，重建出手掌在真实世界三维空间的运动信息。检测范围大体在传感器上方25～600mm之间，检测空间大体是一个倒四棱锥体。首先建立一个如图4-21所示的直角坐标系，坐标的原点是传感器的中心，X轴平行于传感器，指向屏幕右方，Y轴指向上方，Z轴指向背离屏幕的方向，单位为真实世界的毫米。

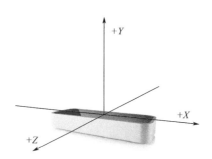

图4-21　Leap Motion直角坐标系

　　使用过程中，Leap Motion传感器会定期发送关于手的运动信息，每份这样的信息称为"帧"。每帧包含检测到的：

- 所有手掌的列表及信息；
- 所有手指的列表及信息；
- 手持工具（细的、笔直的、比手指长的东西，例如笔）的列表及信息；
- 所有可指向对象，即所有手指和工具的列表及信息。

　　Leap传感器会给上述信息分配一个唯一标识（ID），在手掌、手指和工具保持在视野范围内时，是不会改变的。根据这些ID，可以通过Frame :: hand（），Frame :: finger（）等函数来查询每个运动对象的信息。根据每帧和前帧检测到的数据，生成运动信息。例如，若检测到两只手，并且两只手都朝一个方向移动，就认为是平移；若是像握着球一样转动，则记为旋转；若两只手靠近或分开，则记为缩放。所生成的数据包含：

- 旋转的轴向向量；
- 旋转的角度（顺时针为正）；
- 描述旋转的矩阵；
- 缩放因子；
- 平移向量。

对于每只手，可以检测到如下信息：

- 手掌中心的位置（三维向量，相对于传感器坐标原点，毫米为单位）；
- 手掌移动的速度（毫米每秒）；
- 手掌的法向量（垂直于手掌平面，从手心指向外）；
- 手掌朝向的方向；
- 根据手掌弯曲的弧度确定的虚拟球体的中心；
- 根据手掌弯曲的弧度确定的虚拟球体的半径。

其中，手掌的法向量和方向如图4-22所示。对于每个手掌，亦可检测出平移、旋转（如转动手腕带动手掌转动）、缩放（如手指分开、聚合）的信息。检测的数据如全局变换一样，包括：

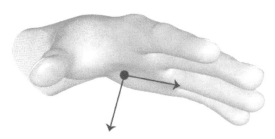

图4-22　手掌的法向量和方向

- 旋转的轴向向量；
- 旋转的角度（顺时针为正）；
- 描述旋转的矩阵；
- 缩放因子；
- 平移向量。

Leap除了可以检测手指外，也可以检测手持的工具，如细的、笔直的、比手指长的物件。对于手指和工具，会统一地称为可指向对象，包含了以下信息：

- 长度；
- 宽度；
- 方向；
- 指尖位置；
- 指尖速度。

根据全局的信息，运动变换，手掌、手指和工具的信息与变换，开发者就可以制作游戏与程序。

图4-10是一款面向PC端手势捕捉的外围设备，可以覆盖140°×120°的范围；2016年年

底又发布了一个专门针对移动端 VR 和 AR 的新系统：The Leap Motion Mobile Platform（Leap Motion 移动平台），结构如图 4-23 所示，可以在无线移动端进行手部甚至手指的动作捕捉，并且在追踪速度和精度上有很大提升。专门为移动平台设计的传感器拥有180°×180°的视场角，更大的视场角可以让用户在玩的时候不需要一直将手放在 Leap Motion 前面，放低一些也可以追踪到。

图4-23　面向移动端的 Leap Motion 新一代产品

4.5　动作捕捉

在 VR 中，为了实现人与系统的交互，必须确定参与者的头部、手、身体等位置的方向，准确地跟踪测量参与者的动作，将这些动作实时监测出来，以便将这些数据反馈给显示和控制系统。这些工作对 VR 系统是必不可少的，也正是运动捕捉技术的研究内容。

动作捕捉（Motion Capture）是实时地准确测量、跟踪、记录物体在真实三维空间中的运动轨迹或姿态，并在虚拟3D空间中重建运动物体每一时刻运动状态的技术。随着 VR 游戏和电影的出现，动作捕捉技术有了更大的用武之地。对于一款高质量的 VR 游戏来说，动作捕捉技术是必不可少的，它能够令角色的动作更加自然，同时减少人工设计所耗费的精力和时间。

不同的动作捕捉系统依据的原理不同，系统组成也不尽相同。总体来讲，动作捕捉系统通常由硬件和软件两大部分构成。硬件一般包含信号发射与接收传感器、信号传输设备以及数据处理设备等；软件一般包含系统设置、空间定位定标、运动捕捉以及数据处理等功能模块。信号发射传感器通常位于运动物体的关键部位，例如人体的关节处，持续发出的信号由定位传感器接收后，通过传输设备进入数据处理工作站，在软件中进行运动解算得到连贯3D运动数据，包括运动目标的3D空间坐标、人体关节的6自由度运动参数等，并生成3D骨骼动作数据，可用于驱动骨骼动画，这就是动作捕捉系统普遍的工作流程。图4-24展示了一种运动捕捉系统工作示意图。常用的运动捕捉技术，从原理上说可分为机械式、声学式、电磁式、光学式和惯性。同时，不依赖于传感器而直接识别人体特征的运动捕捉技术也将很快进入实用。下面对动作捕捉系统的分类进行简要的解析。

图4-24　运动捕捉系统工作示意图

（1）机械式运动捕捉

机械式运动捕捉依靠机械装置跟踪和测量运动轨迹。典型的系统由多个关节和刚性连杆组成，在可转动的关节中装有角度传感器，可以测得关节转动角度的变化情况。装置运动是根据角度传感器所测得的角度变化和连杆的昂度，可以得出杆件末端点在空间中的位置和运动轨迹。实际上，装置上任何一点的轨迹都可以求出，刚性连杆也可以换成长度可变的伸缩杆。

机械式运动捕捉的一种应用形式是将欲捕捉的运动物体与机械结构相连，物体运动带动机械装置，从而被传感器记录下来。Gypsy-6是这类产品的代表，如图4-25所示。

这种方法的优点是成本低，精度高，可以做到实时测量，还允许多个角色同时表演，但是使用起来非常不方便，机械结构对表演者的动作的阻碍和限制很大。

（2）声学式运动捕捉

常用的声学式捕捉设备由发送器、接收器和处理单元组成。发送器是一个固定的超声波发送器，接收器一般由呈三角形排列的三个超声波探头组成。通过测量声波从发送器到接收器的时间或者相位差，系统可以确定接收器的位置和方向。

这类产品的典型生产厂家有Logitech、SAC等，图4-26展示了其原理图。它们的成本较低，但对运动的捕捉有较大的延迟和滞后，实时性较差，精度一般不很高，声源和接收器之间不能有大的遮挡物，受噪声影响和多次反射等干扰较大。由于空气中声波的速度与大气压、湿度、温度有关，所以必须在算法中做出相应的补偿。

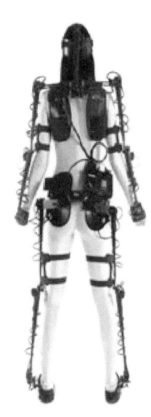

图4-25　Gypsy-6机械式
运动捕捉设备

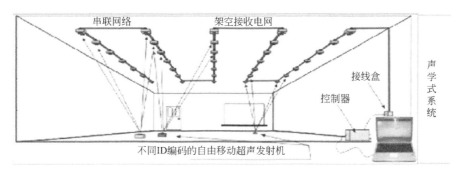

图4-26　声学式运动捕捉设备原理图

（3）电磁式运动捕捉

电磁式运动捕捉是比较常用的运动捕捉设备，一般由发射源、接收传感器和数据处理单元组成。发射源是在空间按照一定时空规律分布的电磁场；接收传感器安置在表演者沿着身体的相关位置，随着表演者在电磁场中运动，通过电缆或者无线方式与数据处理单元相连。它记录的是六维信息，同时得到空间位置和方向信息，速度快，实时性好，便于排演、调整和修改。装置的定标比较简单，技术较成熟，鲁棒性好，成本相对低廉。

Polhemus和Ascension公司是这类产品生产商的代表，图4-27表示了该类型运动捕捉系统的示意图。它对环境的要求比较严格，在使用场地附近不能有金属物品，否则会干扰电磁场，影响精度。系统的允许范围比光学式要小，特别是电缆对使用者的活动限制比较大，对于比较剧烈的运动则不适用。

（4）计算机视觉的动作捕捉系统（光学式非标定）

该类动捕系统比较有代表性的产品分别有捕捉身体动作的Kinect、捕捉手势的Leap Motion和识别表情及手势的RealSense，如图4-28所示。

图4-27　电磁式运动捕捉设备示意图

图4-28　无标记点式光学系统

该类动捕系统基于计算机视觉原理，由多个高速相机从不同角度对目标特征点的监视和跟踪进行动作捕捉的技术。理论上对于空间中的任意一个点，只要它能同时为两部相机所见，就可以确定这一时刻该点在空间中的位置。当相机以足够高的速率连续拍摄时，从图像序列中就可以得到该点的运动轨迹。这类系统采集传感器通常都是光学相机，基于二维图像特征或三维形状特征提取的关节信息作为探测目标。

基于计算机视觉的动作捕捉系统进行人体动作捕捉和识别，可以利用少量的摄像机对监测区域的多目标进行监控，精度较高；同时，被监测对象不需要穿戴任何设备，约束性小。然而，采用视觉进行人体姿态捕捉，会受到外界环境很大的影响，比如光照条件、背景、遮挡物和摄像机质量等，在火灾现场、矿井内等非可视环境中该方法则完全失效。另外，由于视觉域的限制，使用者的运动空间被限制在摄像机的视觉范围内，降低了实用性。

（5）基于标记（Marker）点的光学动作捕捉系统

该类系统的原理是在运动物体的关键部位（如人体的关节处等）粘贴标记点，多个动作捕捉相机从不同角度实时探测标记点，数据实时传输至数据处理工作站。根据三角测量原理精确地计算标记点的空间坐标，再从生物运动学原理出发解算出骨骼的6自由度运动。根据标记点发光技术不同，还分为主动式和被动式光学动作捕捉系统，图4-29（a）和（b）分别展示了这两种捕捉系统的示意图。

(a)主动式系统　　　　　　　(b)被动式系统

图4-29　基于标记（Marker）点的光学捕捉系统

基于标记点的光学动作捕捉系统采集的信号量大，空间解算算法复杂，其实时性与数据处理单元的运算速度和解算算法的复杂度有关。该系统在捕捉对象运动时，肢体会遮挡标记点，另外对光学装置的标定工作程序复杂，这些因素都导致其精度变低，价格也相对昂贵。该系统可以实现同时捕捉多目标，但在捕捉多目标时，目标间若产生遮挡，将影响捕捉系统精度，甚至会丢失捕捉目标。

（6）基于惯性传感器的动作捕捉系统

该类系统代表性的产品有如图4-30所示的诺亦腾开发的Perception Neuron，它是一套极为灵活的动作捕捉系统，由惯性器件和数据处理单元组成，其子节点模块体积比硬币还小，每一个节点都可以互换。从单臂到全身，从手指的精巧动作到大动态的奔跑跳跃，都可以应付自如。将集成加速度计、陀螺仪和磁力计等惯性传感器设备的节点安装到用户想要的身体的重要节点佩戴，然后通过算法实现动作的捕捉，就可以为用户提供高质量的动作捕捉数据。图4-31展现了基于该系统的运动捕捉的应用场景。

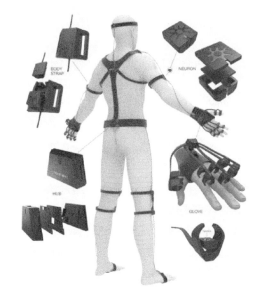

图4-30 Perception Neuron 示意图

图4-31 基于Perception Neuron的运动数据捕捉

整套系统支持从单节点到完整的32节点配置，并且可以通过无线或者有线方式将数据传输到计算机上。传感器节点以60/120fps的速度向外输出数据。所有传感器的数据都会汇入到Hub主节点之上，然后主节点会将数据以USB有线或者WIFI无线的方式传输到计算机。用户也可以选择将数据通过内置的Micro SD卡槽记录在存储卡上。数据处理单元利用惯性器件采集到的运动学信息，通过惯性导航原理即可完成运动目标的姿态角度测量。基于惯性传感器的动捕系统采集到的信号量少，便于实时完成姿态跟踪任务，解算得到的姿态信息范围大、灵敏度高、动态性能好，且惯性传感器体积小、便于佩戴、价格低廉。

相比于前两种动作捕捉系统，基于惯性传感器的动作捕捉系统不会受到光照、背景等外界环境的干扰，又克服了摄像机监测区域受限的缺点，并可以实现多目标捕捉。但是由于测量噪声和游走误差等因素的影响，惯性传感器无法长时间地对人体姿态进行精确的跟踪。

表4-3对后三种动作捕捉系统进行了简单的对比。

表4-3 主流动作捕捉系统的对比

性能指标	光学式非标定	光学式标定（主动）	光学式标定（被动）	惯性式
准确度	高	高	高	高
计算效率	低	低	低	高
可运动范围	小	一般	一般	大
多目标动作捕捉	低	一般	高	一般
环境约束	阳光、热源干扰	强光源干扰	阳光干扰	传感器噪声干扰
成本	低	中	中	低

动作捕捉系统还需要配合头部追踪、眼动追踪才能发挥出最大的功效。

4.6 声音技术

当前，用户通过VR应用体验到的主要是由虚拟场景所带来的视觉冲击，而对于声音的处理技术还有待提高。当玩家看到海浪扑面而来时，涛声却没能同时触动他的耳膜，这种感觉还不能算作完整的VR场景。在沉浸式环境中，空间音效的重要性有时甚至要大过画面。现实环境中声音来自四面八方，因此人们对于周围的环境状况和发生的事能够产生直接、准确的判断，在虚拟环境中，同样需要让用户听到来自四面八方的声音，才有助于在虚拟环境中产生真正的沉浸感。

在VR中，观众处于场景中心，可以自主选择观看的方向和角度，用户要通过头显加耳机的方式感受VR体验，就需要在双声道立体声输出的耳机上听到来自各个方向的声音。另一方面，用户需要来回转动头部或者有大幅度的身体运动，还要考虑身体结构对于声音的影响。因此VR中需要解决关键的两个问题，一个是怎么放，一个是怎么听。

首先，声音怎么放？在VR中制作声音时，要以用户为中心，在整个球形的区域内安排声音位置，确定某一方向基准后，画面内容与用户位置也就是相对确定的，以此来定位，既有水平方向的环绕声，也有垂直方向上的声音。通过水平转动和垂直转动这两个参数，就能控制视角在360°球形范围的朝向，以及与画面配合的声音的变化。图4-32展示了VR中环绕声音的布置图。

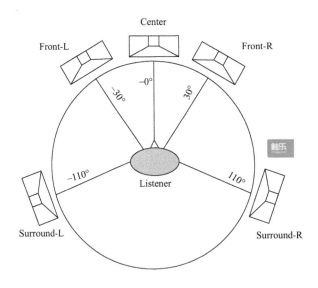

图4-32　VR中环绕声音布置图

VR音频中所采用的虚拟声技术能在真实空间中模拟声场，让用户感觉声音不是从耳机里传来的，而是从房间的四面八方传过来。而且两只耳朵听到的声音是不一样的，当用户转动头部，声音也会随之产生变化。即使闭上眼睛，也能带来身临其境的感觉。

另一方面，用户只有一副耳机，如何实现电影院里杜比全景声的效果？这里面用到一项技术叫做HRTF，该技术能够计算并模拟出声音从某一方向传来以及移动变化时的效果，类似于一个滤波器，对原始声音进行频段上的调整，使其接近人耳接收到的听感效果，并通过耳机来回放。

下面首先探讨 VR 虚拟声技术。

如图4-33所示的流程图，虚拟声技术之所以能营造出逼真的360°音场效果，关键在于声音的录制、合成和重放技术。

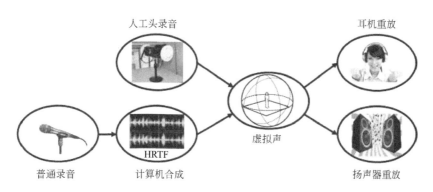

图4-33　虚拟声录制流程图

（1）虚拟声录制及合成技术

虚拟声的录制可以通过人工头录音方式实现，也可以通过计算机人工合成实现。

人工头录音（Binaural Recording）方式，通过把两个微型全指向性话筒安置在一个仿真人头的耳道内，模拟人耳听到声音的整个过程。这样两个话筒录制到的信号，就相当于一个在仿真人头所在位置的真人的双耳所听到的声音。

通过计算机人工合成虚拟声的方法称为双耳信号合成（Binaural Synthesis）。一个点声源通过人的身体躯干、头部和耳廓等身体部位反射或折射后，进入人的双耳。可以将这一物理过程看作是一个线性时不变（LTI）的声滤波系统。这一物理过程的特性可以由其传输函数——头相关传输函数HRTF（Head-related Transfer Function）来描述。双耳信号合成一般通过将测量的头相关传输函数HRTF与声源信号在频域相乘（或者时域卷积）得到。

（2）虚拟声重放技术

虚拟声重放（Virtual Auditory Display）系统可分为耳机重放和扬声器重放两类。采用扬声器重放时会产生交叉串音的干扰（左扬声器的声音不但传输到左耳朵，还会传输到右耳朵），消除交叉串音的处理比较繁琐；而耳机提供了完全隔开的通道，其更符合虚拟声的处理思路。因此，耳机重放在虚拟声重放领域中被广泛应用。

目前，围绕虚拟声的录制、合成及重放等关键技术，虚拟声产品层出不穷。

（1）人工头录音产品

人工头与倾听者的生理结构、尺寸差异越小，人工头模拟的声音采集与真实倾听者的头部移动越接近，虚拟声的效果越好。目前，基于人工头原理录制虚拟声的代表性产品有3dio Omni pro——全景专业双声道麦克风，如图4-34所示。其使用8个标准的DPA 4060传声器碳精盒，四对话筒按每隔90°的方式进行组合，组成了一个有着8只耳朵的全方位人工头，可通过头部追踪系统采集头部移动信息，并实时地对声音信号进行处理，实现实时动态地根据观看方向来改变声音。

(a)正面图   (b)侧面图

图4-34   3dio Omni pro示意图

（2）计算机合成录音产品

　　准确反映倾听者的头相关传输函数对虚拟声的合成效果至关重要。目前通过计算机合成虚拟声的代表产品为塞宾4π全景麦克风（其外观如图4-35所示）和BR2022 APP。

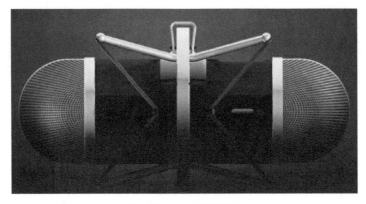

图4-35   4π全景麦克风

　　如图4-36所示，塞宾4π全景麦克风采用720°环绕声场录音，能完整记录包围用户上下左右、前后远近等细致入微的声音。当它应用在秀场主播时，听众就像站在主播身边一样；也可以应用于在线会议，身临其境，不再遗漏任何一个讨论细节，提升会议的信息传递效率。

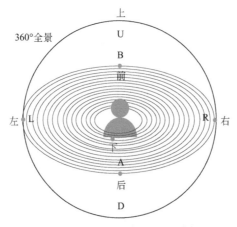

图4-36   720°环绕声录音示意图

BR2022是基于移动互联网的双耳录音系统。它整合了人工头录音技术和现代互联网+的概念，将传统的人工头录音转变为iPhone的APP，录音和测量数据存储在iPhone内，可以通过无线网实时传输，代替传统的人工头录音、回放和测量功能。图4-37是其工作过程图。

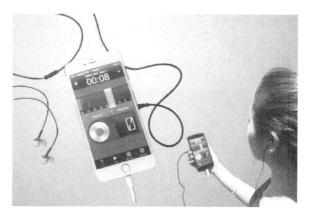

图4-37　BR2022工作过程图

（3）耳机重放产品

耳机产品关注的焦点是如何根据实际倾听者的头部特征处理虚拟声，以使重放效果最佳，以及如何根据对头部运动的实时追踪处理虚拟声，改变倾听者对声音信号空间定位，以提高重放效果。目前虚拟声重放耳机的代表产品为OSSIC X 3D耳机（图4-38）。其具备即时位置校准技术，通过传感器、头部追踪和程序来调节最佳音效，能够根据用户头部大小、耳朵的形状、位置，实时提供逼真的3D音效体验。当通过OSSIC X 3D耳机听到从玩家右手边传来的一个声音，玩家的头部右转90°，声音并不会随着耳机的转动依旧从右手边传来，而是通过耳机的传感器、头部追踪技术调整耳机的音效，使玩家感觉到声音从正前方传来，体验效果如图4-39所示。

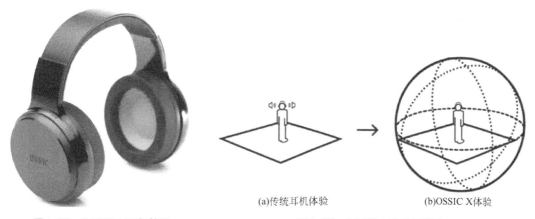

(a)传统耳机体验　　　　　　(b)OSSIC X体验

图4-38　OSSIC X耳机外观　　　　　　图4-39　OSSIC X体验示意图

各个主要HMD厂商也推出了创造VR中的音效相关产品，下面进行简要介绍。

（1）Oculus

2014年，Oculus授权将VisiSonic的RealSpace 3D音频技术融入Oculus Audio SDK中。通过跟踪器上所发来的空间信息来处理声音信息，让听者觉得该声音是从这个物体中发出来的。这项技术非常依赖定制的HRTF，通过耳机来再现精准的空间定位。

（2）NVIDIA

2016年5月，NVIDIA推出了专门用于VR场景，第一个基于物理技术的声学仿真技术"VRWorks Audio"，借鉴了光线追踪渲染的思路，充分考虑了3D场景的渲染，通过将音频交互映射到3D场景中的物体上，使音频听起来更加自然。用户不断移动，能够听到回声的变化以及带来的空间感，除了能够判断声音是由该物体发出之外，还能判断出物体的方向、远近等更多的信息。如图4-40所示。

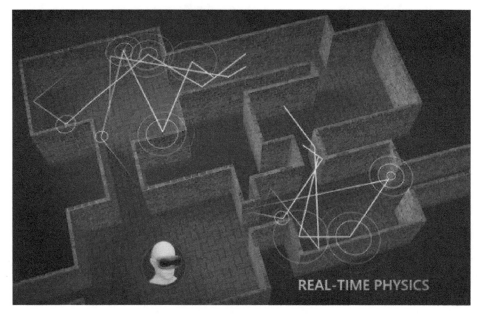

图4-40　实时动态声音渲染示意图

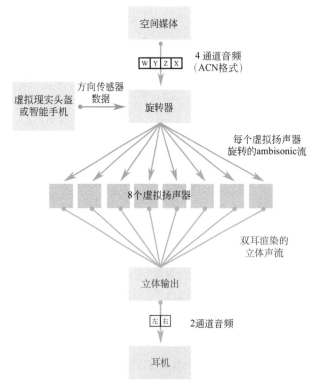

图4-41　谷歌Omnitone的解决方案

（3）AMD

2016年8月，AMD发布了一项名为TrueAudio Next的实时动态声音渲染技术，让虚拟现实中的声音和画面更为同步。

如图4-41所示，该技术同样使用物理方式模拟，让渲染的声音无限接近真实环境的声音，在虚拟建模中进行多次反射，利用Radeon Rays光线追踪技术，让系统辨别VR空间布局并定位空间中的物体。AMD已将该技术开源。

（4）谷歌

谷歌与音频公司Firelight和Audiokinetic合作，推出了一个VR音频插件。开发者利用该插件，可以根据虚拟空间的大小、材料以及对象位置的改变来调整声音，营造更加逼真的氛围。该插件可以无缝集成到 Unity 和 Unreal 引擎中，使用时开发者只需要对 3D 音频进行简单调节，即能够很轻易地创造空间音频。

谷歌公布了面向 Web 端的 Omnitone，一个跨浏览器支持的开源空间音频渲染器。同样使用 HRTF，但是他们主要解决的问题是，在已有的浏览器里引进环绕立体声技术，同时不能干扰浏览器本来的运行。

图 4-41 是谷歌 Omnitone 的解决方案。在环绕立体声里包含了 4 种声道，可在任一扬声器中解码。谷歌在 Omnitone 中设置了 8 个虚拟扬声器来渲染双耳音频流，将 VR 头显中的方向传感器数据与解码器无缝衔接，完成音场转换，从而让用户通过耳机就能体验到空间感。

（5）Valve

Valve 此前曾收购了音效公司 Impulsonic，它有一个基于物理的声音传播和 3D 音频解决方案，名为 "Phonon"。Valve 开放了 Photon 音效工具的后续产物 Steam Audio SDK。该方案能够通过空间音效增强 VR 沉浸体验，允许游戏的音频与场景几何体建立交互与反弹回音，从而增强体验。Steam Audio 支持 Windows、Linux、macOS 和安卓等多个平台，也不局限于特定的 VR 设备和 Steam。

已有的技术可以实现 360° 全景声，通过声音辨别方向、距离，但是 VR 音频技术要求不仅仅能够提供 VR 环境中物体的位置信息，更要反馈出更多的空间环境状态。以一个恐怖游戏为例，当光线越来越暗，视觉必定受到限制，这个时候就要靠音频来确定环境状态，脚步声、风声、动物的叫声等都能为玩家提供信息，诱导下一步的行动和交互。因此，精准有效的音频技术在 VR 中特别重要，不仅仅是游戏、视频，还有教育、社交等领域，VR 音频技术需要进一步的成熟。

4.7 触觉技术

目前 VR 擅长的是将用户的视觉与听觉从现实带进数字世界当中，并且这些技术一直在迭代。然而触觉、味觉、嗅觉等其他感知觉还未真正在 VR 头盔中得到应用。原因在于，相较于听觉或视觉而言，触觉反馈更加复杂，导致其难以高保真地模拟。而触觉本身以及其对应的人类触觉感知系统是多种不同元素的混合体，简单来说触觉可以分为：

① 动觉（Kinesthetic Perception），如对力和力矩的感受（感知物体形状、重量、硬度等）；

② 触觉（Tactile Perception），如对振动、温度、切向力等的感受（感知物体纹理、粗糙度、冷热等）。

生活中一个简单的触觉感知往往同时包含了上述多种信息，人类自动的几种触觉感应器是协同作用的，独立感知某一种特定反馈的情况很少（人体在麻醉的时候可以失去触觉，仅剩动觉感知），由此可见在 VR 中百分百模拟出人类日常感受到的触觉是很难的，除非出现新技术，将模拟触觉信号直接连入用户大脑。

现有常用的触觉反馈设备一般也是侧重于对动觉的反馈。

（1）触觉反馈设备

现在市场上的触觉反馈设备有很多，如图 4-42 所示。为了反馈出 3D 空间内的力和力

3自由度位置/3自由度力
反馈（来源：novint）

6自由度位置/3自由度力
反馈（来源：Sensable）

6自由度位置/3自由度力
反馈（来源：Force Dimension）

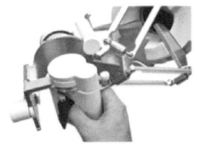

7自由度位置/7自由度力
反馈（来源：Force Dimension）

1传感器/数据手套
（来源：wired co.uk）

图4-42　现今市场上的触觉反馈设备

矩，至少要求3个自由度的位置反馈和3个自由度的力反馈，如图4-43所示，Novint Falcon 3D Touch除了自身的操纵杆，也可以外接其他设备。

图4-43　Novint Falcon示意图

（2）触觉反馈系统

　　如图4-44所示，一个触觉反馈系统的核心主要是两点：触碰检测和反馈（力）计算，实务上可以通过触觉渲染来完成。由于触觉反馈的实时性，触觉渲染的更新频率要求很高，一般要达到1kHz。如果更新频率太低，会导致系统不稳定，比如反馈端用户感受到的是震动而不是正常的受力情况。在VR系统中，触觉反馈配上视觉反馈，可以实现既能看到又能摸到。系统中需要添加相适应的视觉渲染模块，视觉反馈要求的更新频率比触觉渲染的更新频率要低很多，一般小于300Hz。

　　触碰检测是触觉反馈的前提，简单的刚体进行触碰检测比较容易，比如在虚拟空间的球体，只需要知道球心、半径和虚拟感知器的位置，就可以知道是否发生了触碰；但如果是结构和曲率稍微复杂一些的物体，就必须先分解建模。对于虚拟空间中的复杂物体，是否发生

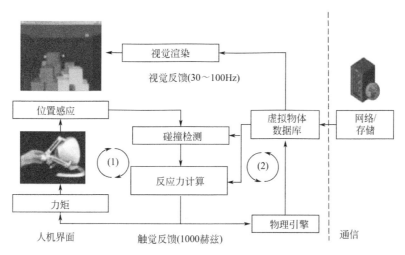

图4-44 触觉反馈系统的示意图

触碰是非常难和耗费计算资源的，因此选择合适的建模方法很重要。一般可以采取多边形或者三角形来分割构建物体的表面。

以VR触觉引擎CHAI3D里的牙齿建模为例进行说明。图4-45（a）展示了牙齿的基本视觉效果。为了进行触碰检测，需要对其按照图4-45（b）进行建模。图4-45（c）是拉近的牙齿效果，通过将牙齿表面划分成一个个三角形（尤其是沟槽处这种复杂的地方），可以检测出虚拟仪器与牙齿的触碰位置（对应三角形区域）以及触碰程度（深度），可见三角形越小，划分越细，模拟效果越好，耗费计算资源越大。另外，为了模拟牙齿的质感（粗糙度），还需要在每一个三角形的法向量上增加力，如图4-45（d）所示，这样滑过牙齿表面也能感受到力。至此，对一颗牙齿质感及形状进行触觉反馈的前期工作就完成了。

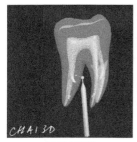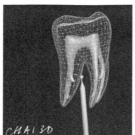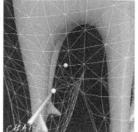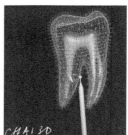

(a)基本形状　　　(b)适应触碰检测的模型　　　(c)近距离观察牙齿　　　(d)可触觉反馈的牙齿模型

图4-45 适用于触觉反馈的牙齿模型

（3）力反馈计算

触觉反馈中温度和振动这样的信息能够直观地模拟出来，接下来介绍几种现实中常见力的反馈仿真模型和算法，基本可以满足虚拟控制中想要物体的触觉反馈属性。

触觉反馈的基本内容之一就是通过触觉，用户能够感受到虚拟空间中物体的形状，比如借助设备，用户可以感受一个篮球的大小或者一个方块的形状、棱角等信息。另外，HIP（Haptic Interaction Point）对应虚拟空间中触觉感知设备的实际位置；IHIP（Ideal Haptic Interaction Point）对应触觉感知设备视觉上的位置。由此可以确定触碰的深度，可用于判定反馈力的大小和方向。

VR中最简单的刚体模型是球体。假设用一个质点去感受球体，那么不管在球体表面的哪个点发生碰触，反馈到的力的方向为球心到触碰点的连线，只需简单定义力的标量大小即可。如图4-46所示，IHIP始终停留在球表面，未穿透刚体。实际位置HIP可以在球的内部，HIP与IHIP连线即为穿透深度。最简单的情形下设置力的大小为刚体系数乘以穿透深度，如果系数比较大，触觉上用户会感觉这是一个硬硬的球，如果系数较小，则是一个软蛋。

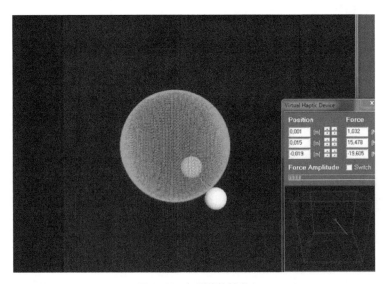

图4-46　与刚体的触碰

如果将上述简单模型应用在更加复杂的物体，例如薄板这样的特殊物体上，由于没有储存接触历史，仿真效果有可能出问题，比如发生移动HIP的时候发现感知力的方向有了突变，或者触摸平板时发生了穿透的感觉，因而可以用形状感知改进算法进行完善。

Chapter 05

第5章

虚拟现实的内容

5.1 虚拟现实内容的生成

VR内容的生成从大的制作流程来看，呈现出两种模式：一种是3D建模场景制作；另一种是实景拍摄。本节分别介绍其生成过程中的相关流程以及重难点。

5.1.1 计算机生成3D内容

（1）3D建模

VR内容的几何属性获取主要通过光学和立体视觉的方法。近期典型的光学方式是TOF，其原理是依靠主动光照射到采集对象上，按照返回光线的先后顺序来测量对象的深度信息。该方法采集到的三维数据精度低，但是设备轻便、便宜。立体视差法是被动式方法的代表，根据三角测量原理，利用对应点的视差可以计算视野范围内的立体信息。这种方法模拟人的视觉方式，以两部位于不同位置的相机对同一目标拍摄两幅图像，得到一组"像对"。对于目标上的一个采样点，根据它在两幅图像中的像点和相机位置，计算它们的交会点坐标，就是采样点的空间坐标。立体视觉方法在无明显纹理或者重复性纹理的场景下，由于很难找到像对，具有较大的技术难度。

使用专业3D建模软件（例如3ds Max），能够制作出精美的3D模型和动画，应用3D扫描仪等设备也可快速创建高精度的3D模型。随着图像建模技术的发展，当前市场上已出现一些基于照片、图像快速生成3D模型的软件，针对精度要求相对较低的模型，完全可以应用该类方法制作出符合VR应用所需的模型。下面以Agisoft Photoscan Professional为例，介绍基于图像的3D建模过程。该软件是一款适合设计人员使用的3D重建软件，无需设置初始值，无需相机检校，无需控制点，根据最新的多视图3D重建技术，即能对任意照片进行处理；也可以通过给予的控制点，生成真实坐标的3D模型。照片的拍摄位置是任意的，既可以是航空拍摄，也可以是高分辨率数码相机低近拍摄。

照片拍摄的注意要点：

① 要保证至少有两张图像；

② 拍摄时应从不同位置或视角，且确保照片之间拥有足够多的重叠范围；

③ 每张照片应包含尽量多的对象；

④ 建模主体应以透视角度拍摄，避免成像在同一平面上。

主要功能：

① 空中三角测量；

② 生成多边形Mesh网模型（普通/彩色纹理）；

③ 设置坐标系统；

④ 生成真实坐标的数字高程模型（DEM）；

⑤ 生成真实坐标的正射影像。

支持格式：

① 输入格式　JEPG、TIFF、PNG、BMP、JEPG Multi-Picture Format（MPO）；

② 输出格式　GeoTiff、xyz、Google KML、COLLADA、VRML、Wavefront OBJ、PLY、3ds Max、Universal 3D、PDF。

图5-1展示了该软件的主界面布局。

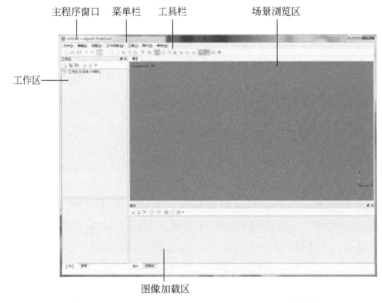

图5-1　Agisoft Photoscan Professional的工作界面

① 工具栏　主要包含对场景中的点云进行操作的工具按钮（移动、区域选择、调整区域大小、划点线工具、上色、纹理、标记等）。

② 工作区　主要包含所创建和添加的工作堆块。

③ 场景工作浏览区　主视图窗口，可进行图像显示、相机校准、对象建模、纹理提取等操作。

④ 图像加载区　对堆块所添加的图像进行加载存放的区域。

下面通过案例分步展示该软件的工作步骤。

① 加载图像　案例所用的素材是大约30张图像，从不同视角展示雕像的透视关系。

a.启动软件，单击工作区左上角的【添加堆块】按钮![icon]添加堆块，如图5-2（a）所示。添加成功后，会出现如图5-2（b）所示的Chunk模块。

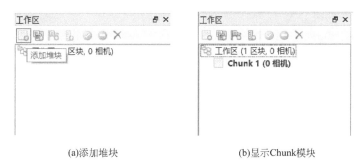

(a)添加堆块　　　　　　　　　　　　(b)显示Chunk模块

图5-2　添加堆块

b.选择如图5-3所示的【工作流程】|【添加照片】命令，打开案例图像所在的文件夹，选中要加载的图像，单击【打开】，加入图像之后，图像加载区中会显示出所加载进去的图像，如图5-4所示。

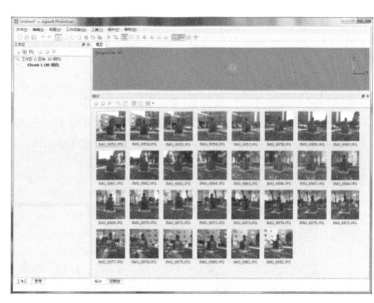

图5-3　添加图片　　　　　　　　　　　　　　图5-4　加载图像

② 对齐照片

a.选择菜单命令【工作流程】|【对齐照片】，软件会弹出【对齐照片】设置对话框，要求选择精度。如果用于现场快速展示航片效果，可以选择低精度，实现照片快速排列。如果用于比较细致的景物、雕像，可以选择中或者高精度，本例中选择了中精度。设置好后点击【确定】按钮，会出现【处理进度】对话框。

b.待处理进度结束后，软件会根据航片坐标、高程信息、相似度，自动排列照片，在场景浏览区中会显示如图5-5所示的景物特征点，可以看到场景中的点包括雕像背景的特征点，这时需要对多余的点进行删除处理，只留下需要保留的点。

图5-5　对齐照片场景预览

c.选择工具栏中的调整区域大小按钮 ，对需要的点区域进行框选。可以选择三种选择按钮 ，对多余的点进行框选，单击【删除】按钮 或者键盘上的Delete键进行删除。

③ 建立密集点云

a.选择菜单命令【工作流程】|【建立密集点云】。

b.在弹出的【生成密集点云】对话框中，选择密集点云的质量，单击【确定】按钮。

c.选择好密集点云的质量后，会出现【处理进度】对话框。待进度处理好后，生成的密集点云场景预览如图5-6所示。

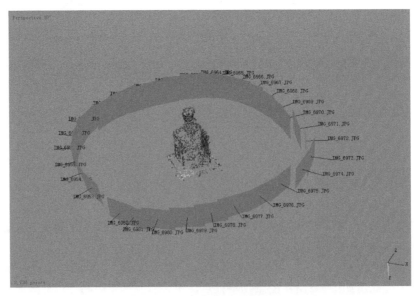

图5-6　生成密集点云场景预览

④ 生成网格

a.点击【工作流程】|【生成网格】选项。

b.在弹出的【生成网格】设置对话框中设置表面模型，选择【任意】选项，面数根据成像质量要求选择"中""高""低"选项。

c.设置好生成网格后弹出【处理进度】对话框。

d.待进度处理好后，生成的场景预览如图5-7所示。

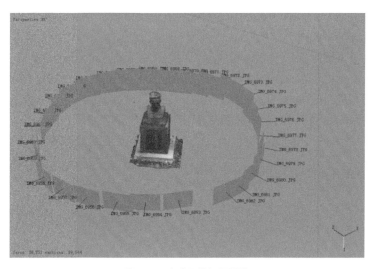

图5-7　生成网格场景预览

⑤ 生成纹理

a.单击【工作流程】|【生成纹理】选项。

b.弹出生成纹理参数设置对话框，这里将【映射模式】选择"正射影像"，混合模式选择"镶嵌（默认）"，纹理大小选择"4096"。

c.设置好参数后，单击【确定】按钮，弹出【处理进度】对话框。

d.待进度处理好后，生成的场景预览如图5-8所示。

图5-8　生成纹理场景预览

⑥ 导出模型

a.完成纹理的生成之后,选择【文件】|【导出模型】,导出生成的模型。

b.在弹出的【保存】对话框中,可以根据需要选择不同的文件类型,可选Unity引擎接受的.fbx文件格式。

c.选择好要保存的文件类型后,单击【保存】按钮,对文件进行保存。

(2)动作数据生成

在人体运动捕捉方面,较为成熟的技术多基于电动机械、电磁和特殊光学标志等,其中基于标志的系统(如ViconMX、PhaseSpace等)得到了普遍的应用,能获取精确的运动数据,但价格昂贵。近年来随着廉价数字摄像机、低成本体感传感器的普及,基于视频及少量传感器的无标志人体运动捕捉以及基于惯性的运动捕捉系统的应用越来越多。下面简要介绍一种光学式动作捕捉系统——PhaseSpace的复杂运动的捕获过程。

如图5-9所示,通过将摄像机放置在捕捉区域周围,捕捉佩戴LED(Light Emitting Diode,发光二极管)的人和物体的动作。下面介绍其各个组成结构。

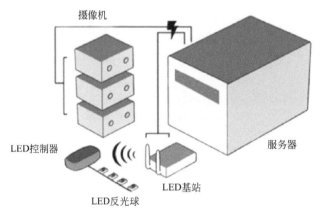

图5-9　PhaseSpace组成结构示意图

① 摄像机。系统使用高速、高分辨率的线性CCD摄像机(两个16位动态线性探测器,带有3600×3600光学解析度),实时地通过三角测量法计算LED反光球的位置。摄像机是基于PhaseSpace线性检波器的结构,使用一对交叉的线性传感器,从而代替传统的2D图像传感器,这样就可以获得一个有效的10K×10K的分辨率,同时达到60°的可视角度。

② LED基站。用于连接HUB(集线器)和LED控制器。当不需要射频信号时,它可以直接驱动两组LED(共计24个)。LED基站的主要功能是为LED控制器提供支持,在控制器配置处可被连接,提供一个2.4GHz的射频信号到任意一组LED控制器单元。射频协议本身是可以被配置的,允许在一个很小的干涉区域内同时进行多个操作。

③ LED控制器。是LED模块的驱动器,由一块电池和一个射频接收器(接收来自LED基站的时间信号)组成。

④ LED反光球。是摄像机跟踪目标的组成部分,它的主要特性是发射一个模式的脉冲信号,以此来唯一标识每一个反光球。LED反光球通过一个双线接口(LED串)与LED基站或者控制器相连,有12个不同配置的独立部分。这就允许在同一串上可以最多共存12个LED反光球,最大限度地减少连线的需求。

⑤ 服务器。安装的操作系统为Linux，其上运行核心的数据处理软件，通过集成HUB连接摄像机和LED基站，并将多个摄像机采集的信息反馈到服务器上；服务器软件处理从PhaseSpace系统采集到原始数据，并将它传递给客户端；客户端软件使用PhaseSpace API发送命令和接收系统的数据；多个客户端（Windows系统或者Linux系统）可通过网络连接到服务器上。

运动捕捉数据获取的大致操作过程为：

① 启动并调试设备，确保用于捕捉数据的摄像机以及相关设备工作正常；

② 布置演员身体上关节的标识点，对手部、脚部以及身体动作进行重点布置；

③ 演员按照步骤活动身体各处关节，确保显示和记录设备出现所有预设点的轨迹；

④ 演员开始表演，表演过程中观察设备运行情况，记录数据，表演结束后，及时对数据进行检查，对于不合格的数据需要重新采集。

PhaseSpace动作捕捉系统不仅可以捕捉人体动作，还可以捕捉面部动作表情以及手部动作，结果数据可以在3ds Max、Maya、MotionBuilder等软件中处理和使用。下面以MotionBuilder中的人体绑定过程为例说明动作素材制作。

① 安装PhaseSpace插件 PhaseSpace与MotionBuilder的插件版本需相对应，这里使用的是MotionBuilder 7.5，包含普通插件、面部、手套3个部分。插件的安装方法是将相应的dll文件拷贝到安装文件夹的Plugins子目录下，例如Windows 32位操作系统环境中，将插件文件拷贝到motionbuilder/bin/win32/plugins/文件夹中。

a.普通插件 如不捕捉面部表情和手部动作，仅需使用OWL_MB75.dll和OWL_MBPro.dll这两个插件。另外，可能系统还会需要msvcr71.dll、msvcr71d.dll和fbsdk.dll插件。

b.面部插件 需使用constraintFace.dll、constraintFace6.dll、constraintFace10.dll、constraintFaceNew.dll。

c.手套插件 手指捕捉需要的插件为constraintGlove.dll。

② 处理动作捕捉数据

第一步 在MotionBuilder中导入动作捕捉数据。

动作捕捉设备可以生成BVH和C3D格式的数据，向MotionBuilder中导入C3D格式的动作数据，使之能用于系统中的骨骼数据。

a.打开Master软件，使软件保持连接状态，此时需要注意的是interpolation参数设置，要求该值为0～16之间4的倍数，通常设为12。另外，如果动画帧数太多，可将频率设为120这一较好的帧数频率，480是最好的帧数频率，但对机器的性能要求较高。

b.将Devices项下的OWL插件拖

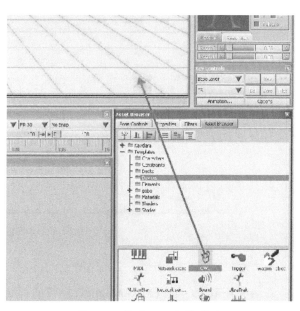

图5-10 拖动OWL插件到场景

入场景，如图5-10所示。

　　c.单击Navigater下Devices中的OWL，确保Primary Client选择项未被选中（如选中，则需要关闭Master），填写IP（通常可设为192.168.1.230），单击Generate a new optical model按钮，创建光学模型。单击Online、Live、Recording选择项，准备录制数据，如图5-11所示。

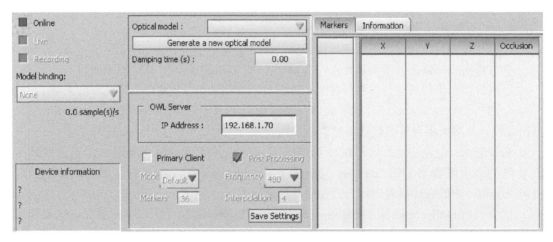

图5-11　OWL相关参数设置

　　d.打开录制面板，单击红色录制按钮，选择数据存储方式。单击播放键开始录制，一般录制5～10秒即可。录制时演员保持T-pose姿势，以便为下一步角色绑定做准备，如图5-12所示。

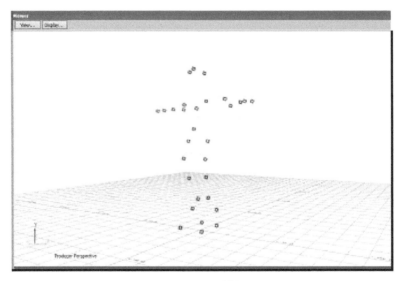

图5-12　录制数据

　　第二步　建立Actor骨骼，并调节骨骼的形态。

　　在这个环节中，通过MotionBuilder自带的Actor系统建立骨骼。由于Actor骨骼的形态是固定的，为了使之能与动作捕捉后的数据相匹配，必须调整骨骼身体各部分的体积以及空间的位置，尽量使捕捉数据的标识点放在Actor骨骼的关节处。

a. 绑定角色。将 Asset Browser 面板中 Charactors 节点中的 Actor 拖入场景，如图 5-13（a）所示；调整好姿势并对齐场景中的点数据，如图 5-13（b）所示。

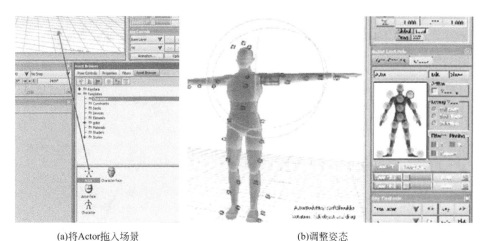

(a)将Actor拖入场景　　　　　　　　　(b)调整姿态

图5-13　绑定角色

b. 通过旋转、缩放、平移等操作，令角色与实际人体标识点基本吻合。

第三步　将动作捕捉后的数据放到 Actor 骨骼的各个关节。

为实现捕捉数据能驱动骨骼，必须在骨骼的各个关节处绑定数据。数据绑定后，就可以对 Actor 骨骼进行驱动，使之进行相应运动。

a. 单击 Navigator 面板 Actors 节点中的 Actor，再单击 Marker Set（标识点集）的 Create 按钮，生成角色的标识点容器。

b. 按 Alt 键选择场景的 Marker 点，并将其拖到相应容器中。一般情况下，头部 4 个，躯干 4 个，腰部 4 个，四肢每个部位各 1 个，手掌和脚掌都是 3 个，其分布如图 5-14 所示。

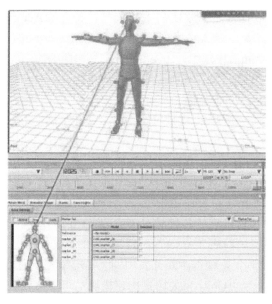

图5-14　将数据绑定到骨骼的各关节处

第四步 生成骨骼。

a.选择Navigator中Scene节点下的OWL，单击右侧的Rigidbodies，如图5-15（a）所示。

b.选择相应标记点，再单击Add按钮或者按快捷键B，即可生成刚体。刚体指的是一个不弯曲的关节，例如上臂、下臂、头、腰部、躯干、手掌、大腿、小腿、脚板等，如图5-15（b）所示。

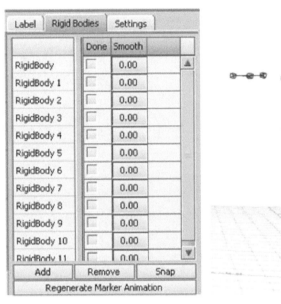

(a)右侧的Rigidbodies   (b)三维场景中的刚体

图5-15 生成骨骼

第五步 导入模型，与Actor骨骼进行绑定。

导入事先准备好的带有骨骼和蒙皮的人物模型，使之和Actor骨骼的形态相匹配。然后，利用Actor骨骼驱动模型，使人物模型按照捕捉数据进行运动。

a.在Actor的Actor Settings中选中Active和Lock选择项。

b.单击Online按钮，实现与动作捕捉设备的在线连接，此时从动作捕捉设备获得的数据就可驱动角色模型。

c.将事先制作好的、带渲染的皮肤角色（fbx或者bvh格式）拖进场景中，选择No Animation复选框。

d.单击Character角色，在Input Type下拉列表框中指定Actor Input类型，并选中Active复选框。此时角色模型和人体动作绑定成功，人体动作将传递给模型，如图5-16所示。

③ VR引擎——Unity介绍 Unity是由Unity Technologies公司开发的专业跨平台游戏开发及VR引擎，用户可以轻松地完成各种游戏创意和3D互动开发，创作出精彩的游戏和VR内容；也可以通过Unity资源商店（Asset Store）分享和下载各种资源。Unity精简、直观的工作流程，功能强大的工具集，使得游戏开发周期大幅度缩短。通过3D模型、图像、视频、声音等相关资源的导入，借助Unity相关场景构建模块，用户可以轻松地实现对复杂虚拟世界的创建。

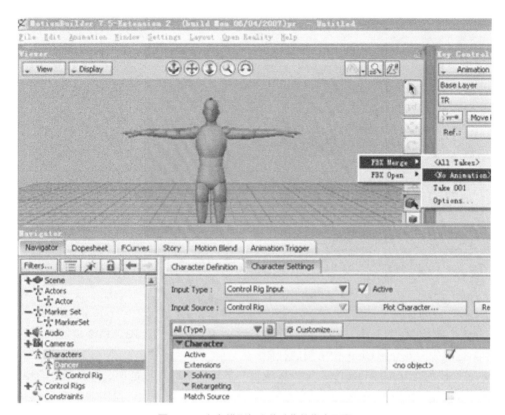

图5-16　角色模型与人体动作的绑定界面

Unity拥有一个功能强大、操作简便的可视化编辑器，在 Windows 和 Mac OS X 操作系统上拥有非常一致的用户操作界面，用户可在两个操作系统之间轻松切换工作。Unity 5.3.4 版本的编辑器又增加了众多功能，包括支持64位编辑器、全新的音效系统、实时全局光照、基于物理特性的高级着色器系统、WebGL网页输出、针对2D游戏开发的进一步支持、各类视图的功能提升以及对若干操作的简化等。Unity编辑器拥有非常直观的界面布局，熟悉Unity界面是学习Unity的基础。

Unity编辑器可以运行在 Windows、Mac OS X 以及 Linux 平台，其最主要的特点是一次开发就可以部署到时下所有主流游戏平台，目前 Unity 能够支持发布的平台有21个之多，用户无需二次开发和移植，就可以将产品轻松部署到相应的平台，节省了大量的开发时间和精力。

a. 界面布局

（a）导航窗口　运行 Unity 5.3.4 应用程序，此时弹出导航窗口，它主要由两部分区域构成：左下角区域为Unity常用网站链接，通过链接可以获取Unity官方相关的网络资源，包括Unity社区、在线文档与相应教程；其他部分为项目专区，可以在这里新建或打开已有的项目工程，该界面同时包括用户最近打开的项目工程列表。

（b）界面布局　新建Unity项目工程后，即可进入Unity的编辑器界面，编辑器会自动加入天空盒并创建一个 Directional Light（平行光）。编辑器界面主要由菜单栏、工具栏以及相关的视图等内容组成，如图5-17所示。如果显示的界面布局与该图不同，可依次打开菜单栏中的 Window/Layouts/2 by 3 来还原该界面。

图5-17　Unity编辑器界面

Unity主编辑器由若干个选项卡窗口组成，这些窗口统称为视图。每个视图都有其特定的作用。这里先简要介绍Unity中常用的视图。

● 场景视图（Scene View）：用于设置场景与放置场景对象，是构造游戏场景的地方。

● 游戏视图（Game View）：由场景中相机所渲染的游戏画面，是游戏发布后玩家所能看到的内容。

● 层级视图（Hierarchy）：用于显示当前场景中所有场景对象的层级关系。

● 项目视图（Project）：用于显示整个工程中所有可用的资源，例如模型、脚本等。

● 检视视图（Inspector）：用于显示当前所选择场景对象的相关属性与信息。

（c）工具栏　Unity工具栏位于菜单栏的下方，主要由5个控制区域组成，提供了常用功能的快捷访问方式。工具栏主要包括Transform Tools（变换工具）、Transform Gizmo Tools（变换辅助工具）、Play（播放控件）、Layers（分层下拉菜单）和Layout（布局下拉菜单），如图5-18所示。

变换工具　　　　　变换辅助工具　　　　　播放控件　　　　　　　　　　　　　　　　　布局下拉菜单

分层下拉菜单

图5-18　Unity工具栏

（d）菜单栏　菜单栏集成了编辑器的所有功能，通过菜单栏的学习，可以对Unity各项功能有直观而清晰的了解。Unity 5.3.4默认情况下共有7个菜单项，分别是File、Editor、Assets、GameObject、Component、Window和Help。

（e）常用工作视图　熟悉并掌握各种视图操作，是学习Unity的基础。Unity常用工作视图有Project（项目）视图、Scene（场景）视图、Game（游戏）视图、Inspector（检视）视图、Hierachy（层级）视图、Console（控制台）视图、Animation（动画）视图、Animator（动画控制器）视图、Occlusion（遮挡剔除）视图、Navigation（导航寻路）视图等。

b.打开范例工程　Unity拥有资源丰富的在线资源商城（Asset Store）。商城提供了大量的模型、材质、音效、脚本等素材资源，甚至是整个项目工程，这些免费或收费资源来自全球各地的开发者，他们开发出好用的素材和工具并放在Asset Store与其他人分享。下面将通过下载相关的素材资源来讲解Unity编辑器的各项功能。

（a）首先从Asset Store下载3D工程Free Rocks。启动Unity应用程序，依次打开菜单栏中的【Window】|【Asset Store】，弹出Unity在线资源商城Asset Store窗口，如图5-19所示，通过分类目录快速寻找到所需要的素材资源。

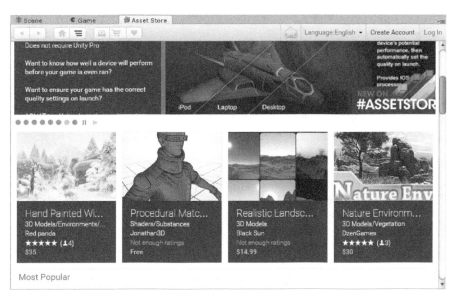

图5-19　Unity在线资源商城Asset Store

（b）依次单击选择【3D Models】|【Environments】|【Landscapes】类别，然后在左侧打开的资源列表中选择Free Rocks资源，最后单击【Download】按钮（图5-20），开始下载该工程文件。下载前，系统会自动判断用户是否登录，如果未登录，则会弹出登录提示框。

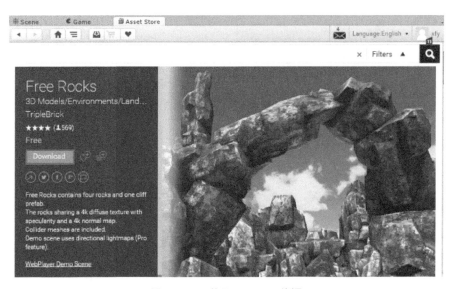

图5-20　下载Free Rocks资源

（c）下载完成后，会自动弹出【Import Unity package】对话框，单击【Import】按钮，将场景载入当前的工程中，如图5-21所示。

图5-21　Import Unity package对话框

（d）由于Unity 5.3.4升级了API，所以加载场景过程中会弹出【API Update Required】对话框，提示用户升级脚本，单击【I Made a Backup, Go Ahead!】按钮即可自动完成。

（e）在Project视图中展开【Assets】|【Free Rocks】文件夹，双击demo场景图标，载入新导入的游戏场景，此时会弹出对话框，提示是否保存之前的场景文件，由于这个场景是默认建立的并且没有任何实际内容，所以可以单击【Don't Save】按钮不保存场景。

（f）完成3D场景的加载，按【Ctrl+S】组合键保存当前的场景，如图5-22所示。

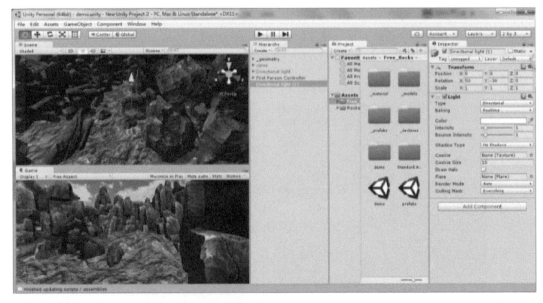

图5-22　Unity场景

Unity编辑器的各项功能，有兴趣的读者可以查阅相关书籍做进一步了解。

④ VR内容制作流程　3D场景建模制作中包含了可以在VR里行走和不能在VR里行走两种情况。无论是3D建模，还是实景拍摄，内容生成都需要设计师、程序员、拍摄人员和后期制作的整个团队合作一起完成。由于5.1.2节会详细介绍全景视频拍摄过程，这里仅介绍基于3D建模场景制作的流程。

a.设计师进行头脑风暴，思考场景内容、场景切换路径，界面里的文案交互逻辑，输出策划文档。涉及的技能点：脑洞、手绘、空间想象力和逻辑能力。

b.设计师用草图或草模表现场景，输出场景示意。涉及的技能点：手绘能力、3D建模和空间想象力。

c.3D模型师根据场景示意图进行建模，输出3D模型。涉及的技能点：Maya/3ds Max/Cinema4d。

d.设计师制作交互动画及VR里的2D界面，输出交互动画png序列，2D界面元素切图。涉及的技能点：After Effects、AI和PS。

e.前期工作准备完成后，进入渲染流程。此时，根据使用场景分为两种情况。

（a）需要在VR里行走，需要进行3D模型实时渲染，游戏引擎里写代码实现逻辑，用VR头显来体验。该情形非常考验程序员和交互设计师的功力，摄像机可以捕捉到人在场景里的各种动作与位移，手的动作会通过VR头显的手柄来捕捉，需要程序员在写代码时对人的各种行为进行判断。该方式工作量大，由于可以捕捉人的各种行为动作，体验会更好，更有身临其境的感觉，当然，制作成本也会更高。涉及的技能点：Unity3d或Unreal的引擎开发，Unity3d美工。

（b）由于实时渲染比较卡，因此出现一种简化的思路：不需要在VR里行走，更轻量的途径。设计师将场景渲染成360°全景图，也就相当于所看到的空间实际上是一个球面，再用Photoshop来优化这个球面图，用前端语言＋krpano写代码实现逻辑。涉及的技能点：渲染器、Photoshop和前端语言＋krpano。

f.程序员、设计师进入VR场景进行逻辑测试并不断完善内容，程序、交互和设计方面进行循环迭代。使用工具：VR头显。

g.测试完后，开始不断修改，无限循环，直到满意或者截止日期来临为止。

5.1.2　全景拍摄视频内容

VR视频是以VR输出设备为载体进行播放的视频，其目的是为观看视频的用户带来具有临场感、可交互的沉浸式体验。从交互程度上，可将其划分为强交互和弱交互两大类；从形式上，又可划分为VR全景视频、非全景3D视频、全景3D视频、局部全景3D视频和全景3D交互视频五大类。

（1）VR全景视频定义

VR全景视频与传统的全景视频既有联系也有区别，后者是利用超链接技术将360°柱面图像链接起来，形成全景视频空间，用户通过不同视点的切换，主动地选择方向和观察点来了解环境，实现在虚拟环境中的漫游。其通常以计算机显示器为浏览窗口，每一时刻只能看到全景图像的一部分，想要获取更多的信息，需要通过拖动鼠标使图像左移或右移，在水平方向上的移动是不受控制的，但是通常不能进行垂直方向上的移动。VR全景视频则是通过全景拍摄（水平360°和垂直360°），利用图像拼接技术将视频拼接成球面图像来构建虚拟空间，用户需要佩戴VR设备（如VR一体机、手机盒子等），这些设备具有陀螺仪等检测角度和方向变化的追踪器，画面会根据用户视角的变化而改变，因此，用户可以通过头部的转动，任意角度观看虚拟空间画面。

VR全景视频的不足之处是缺少互动性，观众参与感不强，优点是拍摄技术较为成熟，制作成本较低，目前在VR影视作品、综艺节目和直播等领域得到广泛的应用。这里重点介绍这类视频的拍摄、制作过程。图5-23给出了VR全景视频拍摄的过程，通过广角镜头［图5-23（a）］同时多角度拍摄，获取全角度的视觉内容［图5-23（b）］，最终将资源拼合成全景视频［图5-23（c）］。

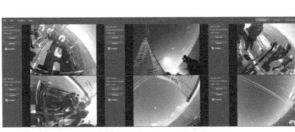

(a)广角镜头　　　　　　　　　　　(b)全角度视觉内容

(c)视频拼接结果

图5-23　VR全景视频拍摄过程

（2）VR视频拍摄器材分类

普通相机的视角范围一般不超过180°，最多可以捕捉到通过半球落在相机焦点上的光线。全景相机又称全方位摄像机（Omnidirectional Camera），指在水平方向上拥有360°视角，或者视角可以（近似于）覆盖全部球面。现有的VR视频拍摄器材可以让后期制作变得更轻松，但定制的相机平台也可以为特殊需求的视频制作者带来一些优势。下面介绍市场上低、中、高端典型产品以及产品定制方案。

① 入门级　三星Gear 360［图5-24（a）］和理光Theta S是两款典型的入门级相机产品，它们的售价都低于400美元，可以让用户轻松展开VR视频拍摄项目。Gear 360外观是一个圆球，和两个鱼眼镜头很好地融为一体［图5-24（b）］，两个镜头都有f/2.0的光圈，同时还支持自动HDR功能，可以拍摄出像素高达8K的相片和4K的视频。两个镜头的中间

有两个按键，分别是电源键/返回键和菜单键/蓝牙连接键，顶端是录像键和一个小的显示屏，这个显示屏能够显示少量的基本信息，另外一边则是电池、Micro USB接口和TF卡插槽。由于没有内部存储功能，因此只能使用外置的TF卡，最高支持64GB。目前电池电量为1350mAh，虽然电量比较小，但其耗电量不大，实测电池续航时间大概是在3～4小时左右（重度使用，一直拍视频的情况下）。底部有一个三脚架安装孔，可以兼容普通的三脚架快装板，而它本身也自带一个体积比较小的三脚架，拍摄时比较方便固定位置［图5-24（c）］，当三脚架合起来时，用户可以手握脚架进行拍摄。

(a)外观　　　　　　　　　　(b)双置鱼眼摄像头　　　　　　　　(c)三脚架支持

图5-24　三星Gear 360外观

Gear 360有四种拍摄类别，分别是全景照片、全景视频、延时视频和循环全景视频。操作方式则有两种，既能通过机器上的按键直接操作，也可以连接手机进行操作。直接操作的选项比较少，只能通过菜单键选择对应的拍摄类别，或者是调整视频和照片的分辨率，但是其他一些更为具体的选项，例如白平衡、曝光补偿和延时视频的拍摄间距等都没办法设置。如果想要比较进行详细的设置，目前只能连接手机（目前仅支持Galaxy S7、S7 Edge、S6、S6 Edge、S6 Edge+以及Note 5这几台旗舰手机），在三星应用商店或者谷歌Play商店下载Gear 360 Manager应用，通过它来进行操作。通过蓝牙连接之后，就可以看到已经保存到手机以及储存卡里面的照片和视频了。应用右下角有一个图标，点进去之后就能看到实时视图，另外也可以看到其他的具体选项设置了。在实时视图界面按下拍摄键，或者是直接按下设备上的拍摄键，就能够开始拍摄。值得一提的是，如果是在拍摄视频，并且用手机控制，即使手机在开始拍摄后断开连接，Gear 360也会继续工作。

配备双镜头的Gear 360使用起来非常方便，小巧的设计和相应的智能手机应用可让用户快速预览拍摄片段，理光Theta S同样也提供直播功能。与更高端的产品相比，这些相机的分辨率更低。作为一款入门级的VR内容生产工具，这类设备是一个实惠的选择，在加大投入之前可帮助用户了解VR视频制作的相关情况。对专业人员而言，这类产品也适合作为概念证明和视觉预览。

② 中端产品　GoPro Omni［图5-25（a）］是一款很好的中端VR相机产品，包括：Omni支架（12cm的立方体同步支架）、6台Hero4 Black运动相机、6张32GB microSD存储卡和读卡器、6根mini USB线缆、三防便携保护套、一个智能遥控器、7端口USB集线器和电池充电器以及拼接和后期软件，能够实现一键同步拍摄360°视频，并且能快速预览和导出视频内容。Omni套装最高能够拍摄8K的360°视频内容。

视频的同步相当重要，通常解决方案是声音或者标记点。GoPro Omni配备像素级同步技术，Omni支架内部含有一个同步元件，由一个主相机控制其他5台相机进行同步拍摄，使得视频的后期工作变得更加简单，不再费劲找同步点。六相机同步工作能够以30帧率和8K球形分辨率（7940×3970）拍摄全景VR影像，1440P（5638×2819）分辨率则能够以60帧率拍摄。该支架设计中已考虑允许空气在其中流通，解决散热问题。无线遥控器Gopro Smart Remote，能够远距离控制机器进行拍摄，最高可支持180m范围进行操作，这可确保拍摄团队不会暴露在全景视频中，从而出现穿帮的现象。Omni套装中包含了一个Switronix Hypercore98S移动电源，最高可以支持Omni拍摄达3小时。同时附赠的还有一个固定架，能够将移动电源固定在支架上［图5-25（b）］。

(a)GoPro Omni相机外观　　　　　　　　　　(b)附赠的移动电源和固定架

图5-25　GoPro Omni全景相机

这款相机最大的亮点在于其赠送的Kolor等后期拼接软件套装，由GoPro收购的法国研发拼接软件的Kolor公司提供，能够兼容Mac OS和Windows系统。在这些软件的帮助下，用户可以在导出和拼接之前就看到视频效果。譬如，Omni Importer能够让拍摄者预览内容［图5-26（a）］，而且不用导出和拼接；如果效果好，可以直接导出360°视频，不用再进行后期制作。另外提供了Autopano Video Pro+Autopano GIGA套件，前者是大部分VR视频拍摄团队最熟悉的拼接处理软件，团队可以利用它们对全景内容进行剪辑、调色、调节水平线等后期制作，如图5-26（b）所示。GoPro在普通视频时代就已经打造自己的运动影像平台，与众多VR平台一样，也提供网页、iOS和Android客户端的GoPro VR频道。GoPro附赠这些软件的另一目的，就是能够让拍摄者更方便地将处理好的全景视频上传到自家VR平台。

(a)Omni Importer处理页面　　　　　(b)Autopano Video Pro+Autopano GIGA处理页面

图5-26　附赠软件处理界面

GoPro Omni的缺点是缺乏实时预览和实时拼合功能，但配合理光Theta S或三星Gear 360，仍然可以进行快速的预览。在这个价格范围内，Omni是当前市场上的第一选择，因为可以在高端分辨率下提供一站式的服务。西柚大小的体积，可以让导演们有更多的自由度和灵活性，他们或许还能制作更大的定制相机平台，在不影响沉浸感的同时仍然可以制作出高分辨率的内容。图5-27是其拍摄完成的全景视频的截图。

图5-27　GoPro Omni拍摄的效果截图

　　③ 高端产品　诺基亚OZO是一款为专业VR内容制作而生的相机产品［图5-28（a）］，外观酷似球体，机身均匀分布8组F2.4大光圈鱼眼镜，每组镜头拥有独立的摄像头和麦克风，8组鱼眼镜可以拍摄8组195°广角影像［图5-28（b）］，拍摄2K×2K的360°×180°视频；麦克风可以录制360°×360°的声音，也就是说前后左右上下方向的声音都能录到，8个同步传感器和OZO软件允许用户实时拼合和预览视频片段。该设备提供环绕声录音，同时能以高清分辨率进行视频流直播（最高能以6K分辨率拍摄内容）。内置了一个名为"media module"的500GB固态硬盘，拍摄时按照30fps帧率，可存储45分钟左右影片。相机控制套件使用的是一个支持OS X和Windows的应用，可通过WiFi操作；还有HDMI以及立体VR渲染输出，视频分辨率可达8K×10K，以及10bits RGB的颜色；视频采用了标准格式，用户可以通过如Oculus或HTC Vive的VR头盔直接从YouTube上观看拍摄的视频。该相机提供了如下套件：

(a)Nokia OZO外观

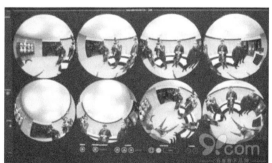
(b)8组广角影像

图5-28　诺基亚OZO VR相机

　　a.OZO REMOTE　拍摄的画面可以实时传输到OZO REMOTE上面；
　　b.OZO CREATOR　用以对OZO拍摄视频进行处理和剪辑；

c.OZO PREVIEW　支持视频预览和回放；

d.OZO LIVE　实时处理视频和音频，可实时拼接。

目前VR影片拍摄，需要使用多款摄像机，后期还需要花时间去合成。OZO内置由诺基亚研发的新型VR摄影算法，可以实时捕捉VR画面，即时生成360°全景音画。同时，OZO提供实时的360°3D视频的全景回放，实时回放功能能够让创作者随时监控影像作品的进展，实现全方位的把控。此外，还支持无线操作以及全景3D 360° VR音视频现场直播等功能。

对于VR视频而言，由于OZO搭载摄像头（群），可以实时捕捉VR画面，免去了后期合成的烦恼。该设备有几个主要功能：其一是实时监控功能，导演可以即时预览虚拟现实场景的拍摄画面；其二是快速回放功能，之前的导演必须在剪辑完成之后才能预览VR片段，费时费力，而OZO可以即时演算较低分辨率的VR片段。

OZO中使用了一种全新的声学科技，可以模拟从不同角度发出的声音。观看视频时如果转动身体，声音也会随着用户的角度改变而发生变化，譬如听到背后的声音，用户转过身来，声音随即从正前方传来。

OZO虽然价格很高，但有着明显的优势和一个精心设计的端对端工作流程。寻求强大的一体化制作流程，或是希望以高分辨率进行视频流直播的专业人士应该尝试OZO。

④ 定制平台　相机选择的原则：分辨率越高，在VR头显中的观影质量就越高。对于有着特殊需求而市场上又没有现成解决方案的情形，定制相机平台是另一个可行的选择。RED公司推出的Weapon摄像机搭载Dragon传感器，在帧率60fps下可录制分辨为8192×4320视频；改进了低光表现；支持黑帘自动校准、苹果的ProRes编码和R3D格式；采用模块化设计，用户可根据需求搭配不同附件，手把上也增加了开始和停录按钮；此外，RED还为Weapon加入了无线功能，方便用户通过iOS或Android设备进行远程操控。

已有导演采用5台Red Weapon相机定制了一个VR相机平台，在10K分辨率和60fps帧率下拍摄VR内容，拍摄团队能够完全控制曝光率、更换镜头以及做出其他调整，从而满足VR视频拍摄的目标（图5-29）。

(a)单台Red Weapon　　　　　　(b) 5台Red Weapon定制平台

图5-29　基于Red Weapon的VR相机

不过这个相机平台体积巨大，十分笨重，操作起来也比一般的VR相机更复杂。即使是有经验的人在使用定制相机平台前，也需要好好地计划拍摄场景，并满足特定的拍摄要求。

选择好相机，就可以着手拍摄360°视频。随着VR领域中出现越来越多的创新发现，更高分辨率的内容和更为简化的工作流程将会变得更加标准。

（3）VR视频的前期拍摄

① VR视频拍摄的流程　VR视频的拍摄流程主要包括编导、舞台布景场记、摄影、灯光、器材助手、后期等，如图5-30所示。

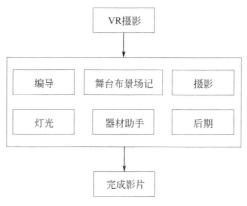

图5-30　VR视频拍摄流程图

② VR视频的拍摄　VR视频生成可分为三大步骤：拍摄（采集）、缝合（拼接）、播放，如图5-31所示。拍摄阶段需要用到专有VR摄像机，多目相机分别对应不同的角度，获取同一时间内当前场景不同角度的画面。然后再通过后期软件，将各个摄像头拍摄的画面组合到一起，即可缝合成完整的全景视频。对整合的视频还可以进一步编辑加工，最后输出全景视频，在VR设备上播放。

图5-31　VR视频实现的主要步骤

a.拍摄方案选择　目前比较流行的两种全景视频拍摄方案：一种是多相机组合拍摄；另一种是采用VR全景摄像机的方式。各有优缺点，具体如何选择，取决于拍摄者的应用场景。下面简要介绍这两种方案。

（a）多机组合拍摄

● 代表机型　6目GoPro、8目GoPro等，图5-32表示了一种组合形式。

● 摄影辅助　三脚架或独角架。

● 后期软件　Autopano Video Pro/Autopano GIGA（免费试用版，有水印限制，只能输出30秒的视频）。

该方案的优点：拍摄制作出的视频帧率高、清晰度好，适合高速运动的环境，以及一些特效慢镜头拍摄；缺点是移动便携性不好，机器操作比较复杂，会带来相当多的后期工作量。

（b）VR全景摄像机

● 代表机型　三星Gear360、Insta360等。

● 摄影辅助　三脚架或独角架。

● 后期软件　无。

该方案的优点：轻巧便携、操作简单，全景视频可直接输出，拍摄效果良好，适合一般大众使用；缺点是受到

图5-32　多目GoPro组合

本身硬件性能的限制，视频帧速与码率达不到令人完全满意效果，在高速运动中拍摄效果更是一般。

b. 拍摄　对于傻瓜式的VR摄像机，不需要进行复杂的设置即可使用，比如三星Gear 360。本节以多目GoPro相机为例，从硬件设备、相机安装、相机设置与拍摄要点4个方面讲解VR视频的拍摄。

（a）硬件设备

● GoProHero4 BLACK相机8台。

● GoPro全景支架1个。

● 独脚架（建议高度1.7m以上）。

● 相机备用电池与双电池充电器。

● 64GB或128GB存储卡8张。

● 摄影配重沙袋。

（b）相机安装　将8台相机与8张存储卡按数字A1、A2、A3、A4、A5、A6、A7、A8依顺序标示，存储卡按数字安装到对应的相机上，并在支架上将A1A2、A3A4、A5A6、A7A8分别对称安装，这样标示可方便后期的素材数据整理与器材的管理。

（c）相机设置　GoPro相机其他相关的参数，有分辨率、视角、低光、点测光、Protune、白平衡、色彩、ISO、锐度等。下面详细介绍这几个参数。

● 分辨率　建议GoPro相机设置分辨率为1440P或者2.7K 4∶3。分辨率为1440P支持的帧速率有30fps、48fps与60fps，输出VR视频分辨率为4K；分辨率为2.7K 4∶3支持的帧速率只有30fps，输出VR视频分辨率可以达到8K。如果设置的相机分辨率高于2.7K 4∶3，则最后合成的VR视频分辨率将远远高于8K。

● 视角　视角的分类分为超宽、中等、窄视角。

● 低光　自动低光源模式下相机能自动调整每秒拍摄帧数，以获得最佳曝光与最好的拍摄成果，可以在低光源环境或快速进出低光源环境时流畅拍摄。

● 点测光　可在较暗的空间里，将相机朝向较亮的环境拍摄，例如从车内拍向户外景象。

● Protune　它能充分发挥摄像机的潜力，产生高质量的影像作品以及电影等级的视频

和照片，是专业影像制作的最佳选择，视频创作者能够获享前所未有的灵活性和更有效率的工作流程。Protune模式可以手动控制白平衡、色彩、感光度上限、锐度和曝光补偿，从而实现高级控制以及自定义视频片段和照片。

● 白平衡　它可调整视频和照片的整体色彩，包括五种设置：自动（默认）、3000K、5500K、6500K和原生。

● 色彩　通过设置它来调整视频片段或照片的色彩配置文件，生成两种色彩配置文件，分别为GoPro色彩（默认）和平面色彩。

● ISO感光度上限　它可调整摄像机在低光环境中的感亮度，并且在亮度与所产生的图像噪点之间取得平衡。图像噪点指的是图像中的粒状度。视频感光度上限的Protune模式有五种设置分别为6400、3200、1600（默认）、800和400。

● 锐度　它可控制视频片段或照片的锐度，设置分别为高（默认）、中、低。

（d）拍摄要点　每台相机的视频分辨率设置为2.7K 4∶3或1440P，帧数率为60fps或以上（2.7K时为30fps），视野设置为宽，关闭自动低光与点测光模式。开启Protune设置，白平衡为自然，色彩设置为平面，ISO依据现场光照水平尽量设置低数值，清晰度设置为低以提高视频或照片后期制作的灵活性。再检查SD卡是否已清空。此外，专业的全景摄影还要考虑灯光布景等问题。不过对于普通用户来说，一般没有太多条件，使用自然光也可以。

（4）VR视频的后期制作

视频采集拍摄过程中，由于多目相机启动顺序的差异，或者拍摄场地无声的状态，导致拍出的视频片断画面或声音不一致，视频合成前可能需要进行音画同步操作。PluralEyes是Red Giant公司出品的一款声音和视频画面同步软件，可用于多机位视频的音画同步处理；音画同步完成后，每个机位视频片断的起始时间不同，还需要进行剪辑拼接。Premiere是Adobe公司推出的基于非线性编辑设备的视频编辑软件，可以很好地对视频素材进行剪辑、拼接合成以及平滑过渡动画等。最后，需要对多机位同步视频执行全景拼接，Kolor Autopano Video Pro是一款全景视频拼接软件，只需一些简单步骤，就能将多个相互衔接的视频拼接为VR全景视频，并且支持自动的缝合和创建。图5-33展示了一个较为完整的VR视频后期制作流程图。

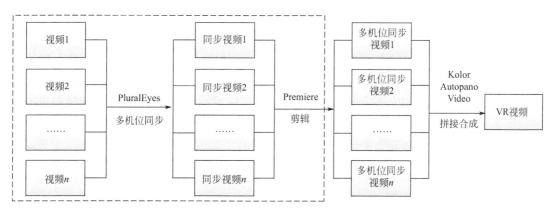

图5-33　VR视频后期制作流程图

① 音画同步过程　PluralEyes通过分析音频信息，快速与视频进行匹配，主要应用于多机位拍摄中视频素材与独立录制音频的快速匹配，适用于多机位素材的音视频同步。PC上

安装该软件，需要支持可编程着色器的显卡，如 Nvidia FX 5600 或 ATI Radeon 9800。

将拍摄完成的多机位视频片段导入软件，点击软件中的同步按钮，程序会在后台快速分析音频信息，然后匹配与之对应的视频信息。同步过程中，时间轴会自行移动，同步结果如图5-34所示。一般情况下，10多个片段的项目会在几秒内完成同步工作，100多个片段的项目同步可能需要几分钟的时间。同步完成后即可导出。

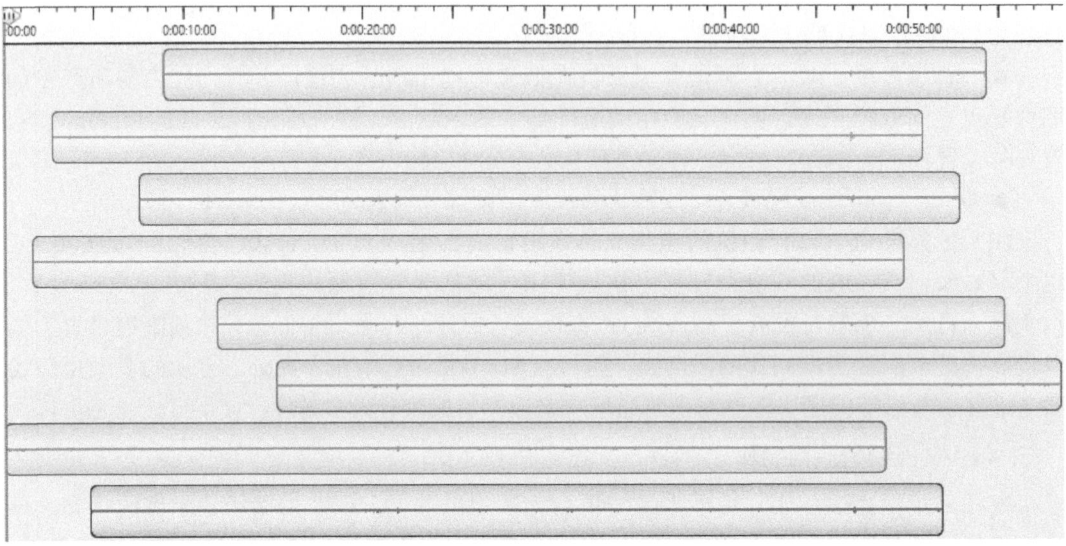

图5-34　多机位视频同步结果

② 多视频拼接　VR视频拍摄时，有时会出现不需要的镜头片段。多目相机拍摄时，由于开机的时间不一致，拍摄视频的起点可能会不同。所以在多机位视频拼接前，需要利用Premiere等视频编辑软件对视频素材进行剪辑，剔除所有视频中无用的镜头片段。剪辑完成后，即可进行下一步，多视角视频的拼接。

Autopano Video Pro是一款可以创建全景视频的软件，能够将多机位视频组合到一起，渲染处理。PC上安装该软件，需要显示器分辨率不低于1024×768。利用Autopano Video进行视频拼接时，首先要将已经编辑完成的视频素材导入到软件的视频素材区，视频格式包括MP4、mov和avi。导入成功后，待拼接的多机位视频会显示在这个区域。然后对视频进行拼接缝合，选择【Stich as...】按钮，会弹出对话框，对视频拼接的镜头的焦距和镜头的类型进行选择。

a.镜头焦距。该焦距可能不是镜头标称的焦距，而是将对角线视角换算为传统35mm胶卷相机的等效焦距。该焦距可以只是一个估算值，但不能差得太离谱，系统在拼接时会根据自动识别的控制点位置对焦距值进行重新计算。

b.镜头类型选择。标准或鱼眼镜头，这很重要，不能选错，否则会误导系统。一般选择【Fisheye】类型。

设置完成后点击【确定】按钮，系统会开始拼接工作，软件会自动识别各个图像中的特征点（控制点）以作为拼接参照，通过对每个图像边界建立关联点来识别图像之间的相似点，然后对镜头畸变和影调的调整进行运算，进而拼接成一幅全景影像，如图5-35所示。

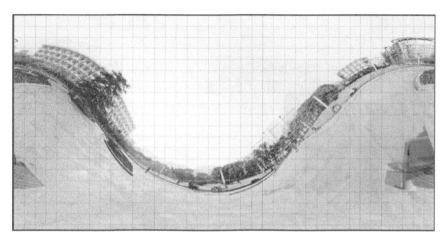

图5-35　完整的多机位视频拼接结果

③ 全景视频局部细节处理　视频拼接完成后，效果可能不是很好，会出现拼接缝隙或者重影等问题，这就需要对视频进行局部的细节调整。选择【编辑】按钮，软件会自动打开相对应的全景图像编辑软件 Autopano Giga。使用该软件，可对图像出现的缝隙进行较完整的缝合；出现重影的地方，可以对两幅相邻图像相同位置增加控制点，系统会自动根据相同点进行重合处理，进而消除重影；对于图像色彩、亮度或者饱和度不够的情况下，也可利用软件进行调整。

④ 为视频添加 Logo　如果器材是在地上固定拍摄的，拼接后 VR 视频在地面区域会有一个圆形的黑洞，需要对其进行处理，一般都是用公司 Logo 进行覆盖。如果是航拍视频，拼接后的 VR 视频无需进行处理。

可直接利用全景图像编辑软件 Autopano Giga 添加全景视频的 Logo。在全景图像上增加新的图层，将制作好的 Logo 图片导出到图层，并利用【移动图像类型】工具对 Logo 的大小和位置进行调整，放到需要补充的位置，即可对黑洞进行遮盖，如图5-36所示。

图5-36　添加 Logo 后的视频拼接结果图

对编辑处理好的图像进行保存，返回到 Autopano Video 的视频处理界面，对视频进行渲染，设置全景视频的宽度和高度、视频保存路径以及渲染质量等参数，导出即可。

5.2 网络传输

高分辨率、全视角显示带来VR高沉浸感的同时，对数据传输带来了不小的挑战。目前，VR设备主要通过有线方式进行数据传输，随着5G的到来，VR内容所需的超高分辨率、全视角、3D、低延迟等性能瓶颈有望得到很大程度的解决。

5.2.1 传输效率的提升

对于移动端头显，用户只需要将手机放在设备的卡槽中，就可以随时观看VR视频。如果想要观看分辨率超高的视频内容，会受到手机移动网络的限制；而对于PC端VR头显，则可以通过连接电脑观看分辨率较高的VR内容，但遗憾的是这种设备受到数据线的束缚，无法自由移动。如何克服数据传输限制，实现VR设备的完全自由移动呢？这种局面将在5G时代结束。

5G是第五代移动通信的简称，5G网络面向未来通信网络发展需求，随着"万物移动互联"逐渐变成现实，移动数据流量在未来数年内将呈井喷式增长，预计到2020年流量将增长1000倍。因此5G也常被称为"面向2020年的新一代移动通信系统"，是从连接人到连接物的万物互联的关键技术。图5-37是5G的一个宣传示意图。

图5-37　5G的一个宣传示意图

如图5-38所示，3GPP定义了5G三大场景：eMBB、mMTC和URLLC。

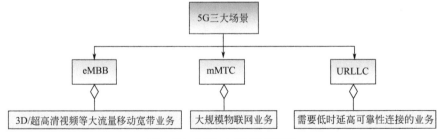

图5-38　5G三大场景的示意图

① eMBB场景是5G应用的其中一个场景，对应的是3D/超高清视频等大流量移动宽带

业务；

②mMTC 对应的是大规模物联网业务；

③URLLC 对应的是如无人驾驶、工业自动化等需要低时延高可靠连接的业务。

2016年11月，在3GPP RAN1 87次会议的5G短码方案讨论中，华为公司的Polar Code（极化码）方案，最终战胜诸多列强，成为5G控制信道eMBB场景编码最终方案。那么，5G采纳华为力挺的Polar码，会对AR和VR产生什么影响呢？

5G三大场景：eMBB、mMTC和URLLC，对应5G的AR、VR、车联网、大规模物联网、高清视频等各种应用，较之3G/4G只有语音和数据业务，对5G信道编码提出了更高要求，需支持更广泛的码块长度和更多的编码率。在举例之前，需要先搞清信道编码的概念。简单地讲，信道编码就是在有 K 比特的数据块中插入冗余比特，形成一个更长的码块，这个码块的长度为 N 比特，$N>K$，$N-K$ 就是用于检测和纠错的冗余比特，编码率 R 就是 K/N。一个好的信道编码，是在一定的编码率下，能无限接入信道容量的理论极限。低编码率应用于基站分布稀疏的农村站点，高编码率应用于密集城区。短码块应用于物联网，长码块应用于高清视频。而如果都用同样的编码率，容易造成数据比特浪费，进而浪费频谱资源。

LTE对一般数据的空口误块率要求初始传输为10%，经过几次重传后，误块率如果低于1%即可。但是，5G要求误块率要降到十万分之一。这就意味着10万个码块中，只允许信道译码器犯一次错，最多只能有一个码块不能纠错。

Turbo码被3G/4G标准采用，LDPC被WiFi标准采用，而Polar码出现较晚，在5G之前还没有任何标准采用。决定5G采用哪种编码方式的因素就是译码吞吐量、时延、纠错能力、灵活性，还有实施复杂性、成熟度和后向兼容性等。4G的最大速率不过1Gbps，传统Turbo码通过迭代译码，本质上源于串行的内部结构，所以，有人认为Turbo遇上更高速率的5G时就遇到了瓶颈。尽管可以采用外部并行的方式，但又带来了时延问题。比如，LDPC译码器是基于并行的内部结构，这意味着译码的时候可以并行同时处理，不但能处理较大的数据量，还能减少处理时延。采用华为的Polar码实现了5G速率达到27Gbps，满足5G需求没问题，如表5-1所示。

表5-1 Polar编码的KPI值

KPI	值
峰值速率	20GbpsDL 10GbpsUL
峰值频谱效率	30～15bps/Hz
控制面时延	10ms
用户面时延	URLLC：0.5ms UL&DL
罕见小包的滞后时间	TBD
移动中断时间	0ms
系统间移动性	与其他IMT系统
可靠性	URLLC：P=10-5in 1ms
覆盖	mMTC 164B

根据爱立信（Ericsson）观察，较之4G，5G可为未来万物联网的世界实现更多想象。例如，不仅实现超高网速，其高接取也可为同一个环境里，除了用户之外，更为数以万计的联网装置提供网络链接，此外，5G的低延迟性还可为许多产业的应用带来更多可能性。举例来说，过去4G的延迟在10ms左右，在某些应用上这些微小的延迟并不会造成太大的影响，不过在诸如远程手术、远程驾驶等应用，强调绝对实时性的严苛要求下，4G是绝对不可行的。目前5G已可做到将延迟降低至10ms以下，甚至不到5ms，借此应付如此严苛的要求。针对5G的进程，Ericsson认为其将在2019年正式进入商用阶段，而2020年才会是市场大爆发的时候。

5.2.2　网络带宽的要求

随着一些技术难题的解决和低成本解决方案的出现，VR开始全面走向大众消费群体，融入到人们的日常生活之中。VR已经衍生出很多应用形态（Application），如图5-39所示，基于360°全景视频技术的在线点播和事件直播，基于自由视角技术的在线点播和事件直播，基于计算机图形学的VR单机游戏、VR联网游戏、VR仿真环境等。

图5-39　VR的分类架构

这些应用形态也会对应到不同的市场场景（Scenarios），如游戏、事件直播、娱乐视频、医疗保健、房地产、零售、教育、工程和军事。这些VR应用，在变为网络在线应用时都涉及海量信息的实时连接和流动，都会不可避免地对网络架构产生新的影响和挑战。

（1）360°全景视频会是最先繁荣的在线VR业务

360°视频提供了观察者所在物理位置上水平方向（经度）360°、垂直方向（纬度）180°全包围的物理空间视域，用户可以通过改变头部的位置或者通过鼠标、遥控器等输入设备实现视角的切换，从而带来身临其境的体验。结合对用户、技术、硬件、内容、标准等产业要素的分析，在VR的诸多关键技术和应用形态中，基于全景视频技术的360° VR视频将成为最先繁荣的在线（Online）VR应用。

● 在线VR 360视频内容源增长迅速。YouTube设置了360°视频专区，新上传的视频达

8000多部；为Samsung Gear和Oculus CV1提供内容的Oculus 360° Video市场片源数量已达1000部以上；国内传统的互联网视频公司优酷、乐视和爱奇艺也已设置360°视频专区，专注于内容生态的建设，片源多为自制的综艺类节目，数量也已有数百部；Next VR的在线业务包括VR 360°直播/回放、VR 360°电影和纪录片点播，已成功地为NBA、美国高尔夫球公开赛、国际冠军杯等知名赛事进行了高质量的VR 360°直播。

● VR 360°视频消费同样飞速增长。VR视频的用户群和点击量颇为可观，特别是热门视频。YouTube TOP N的热门360°视频日均点击可达20.5万，优酷VR频道热门360°视频日均可达点击4万，Samsung Gear也已拥有100万月活跃用户。

表5-2所示是观看娱乐视频的用户产生的平均流量预测。

表5-2 娱乐视频用户产生的平均流量预测

年份	2016	2020	2025
日均观看时长/分钟	10	52	93
晚间休闲时段（19：00～23：00）比例	80%	80%	80%
晚间休闲时段（19：00～23：00）每小时没用户产生业务时长/分钟	2	10.4	18.6
晚间休闲时段（19：00～23：00）流量 B：360° VR视频码率 N1：网内VR娱乐视频用户数	2*60*B* N1/3600	10.4*60*B* N1/3600	18.6*60*B* N1/3600

（2）360° 全景VR视频的网络要求

① 体验要求   VR面临的体验问题可分为感官体验问题和生理体验问题，业界迫切需要克服生理体验问题以加速VR普及。目前生理体验主要有四类问题，业界也在探索这些问题的改进方向。

问题1：视觉信息质量。过低的画面质量引发的视觉疲劳会带来眩晕感。业界近几年的重点努力方向是360° VR视频的内容质量优化，提升分辨率和画质效果。

问题2：头动和视野延迟（Motion-to-Photons Latency，MTP）。MTP延迟不能超过20ms，否则会引起眩晕感。目前领先的VR终端厂商如Oculus、HTC Vive已经通过提升端到端软硬件性能，从传感追踪元件、显示屏技术、GPU入手，将MTP本地化削减至20ms。

问题3：运动感知冲突。如果运动反馈输出缺失，导致人的身体运动与眼睛看到的虚拟信息不匹配，因而产生眩晕感。要解决这个问题，需要业界丰富VR终端的多感知性，提供包括视觉、听觉、触觉和动作反馈的融合能力，充分发挥VR新媒体的作用。

问题4：视觉辐辏调节冲突（Vergence-Accommodation Conflict），即调焦冲突，存在于利用双目视差原理的显示终端上。由于屏幕发出的光线并没有深度信息，眼睛的焦点就定在屏幕上，眼睛的焦点调节与视觉景深不匹配，从而产生眩晕。这一体验问题需要新技术解决，即通过光场记录和投影技术，记录并还原光从空间立体中的点发射的强度和角度，让人眼的视觉辐辏和焦点匹配。这一技术将在未来发展的更为成熟。

由于VR中存在视觉全视角和FOV的区别，传统意义上描述OTT视频的分辨率对应于360° VR视频的球面全视角分辨率，真正决定视频画质体验的是单眼分辨率（FOV分辨率），可换算为在FOV区域中每个角度可见的像素数量（Pixels per Degree，PPD）。PPD数值越高，视场的像素密度越高，画质体验就越好。正常视力的用户可分辨的PPD是60，如果PPD大于等于60，普通人眼将无法分辨像素点的间隔。

以YouTube的在线360° VR视频为例，4K分辨率的片源，使用H.264编码最高等级的平均码率约20Mbps，但球面全视角4K分辨率在单眼下的实际可视分辨率为仅为960×960，对应到90°视场角的仅有每度10个像素，远远低于正常视力视网膜要求的60个PPD，实际视频体验比在传统TV/PC/Pad上看SD（Standard Definition，标准清晰度）视频还差。

表5-3 传统终端观看参数

屏幕类型	屏幕大小/in	观看距离/m	宽度/m	高度/m	水平分辨率	垂直分辨率	PPD	FOV
TV	60	1.5	0.98	0.55	360	240	10	36
PC	24	0.6	0.39	0.22	360	240	10	36
Pad	10	0.25	0.16	0.09	360	240	10	36

由表5-3可知，由于VR的HMD拥有远高于传统终端（TV/PC/Pad/Phone）的视场角，决定了要达到同样等级的画质体验，相同的PPD要求360° VR视频具有更高的单眼分辨率和全视角分辨率。全视角的4K分辨率远不能达到满意的视频质量，加大分辨率到8K及以上是必须的。以FOV=90为例，全视角分辨率达到8K时，单眼分辨率为1920×1920，对应PPD=22；全视角分辨率升级12K时，单眼分辨率为2880×2880，PPD仅提高到32。后面会对VR 360视频的画质体验演进路线进行阐述。

从用户和虚拟环境（VE）之间的交互体验角度进行分类，VR应用可分为弱交互式VR和交互式VR。360° VR视频属于弱交互式VR的一种，用户只能被动体验虚拟环境中预先拍摄好的内容，用户可以通过转头等方式改变视点，但用户无法和虚拟环境之间发生实质性交互行为。由此可知，它的交互体验主要反映在MTP上，业界的主流观点认为，在使用沉浸式终端时，MTP不能超过20ms，否则会引起眩晕感。也就是说，用户在通过转头等方式改变视角时，终端、网络和云端处理的整体时延应保证头动和FOV画面改变的一致性，FOV画面的更新延迟不应超过20ms的现象，也不应出现全部/部分视野无画面信息的现象。

②投影技术和编码技术 投影技术和编码技术决定了360° VR视频的媒体文件以何种格式生产和组织，及其包含的媒体信息量。这对量化达到某个用户体验要满足的网络要求至关重要。360° VR视频需要解决如何将用户看到的空间球信息转变为平面的媒体格式，这就用到了传统视频没有涉及的投影技术。

目前，Equirectangular Projection（ERP，等距柱状投影）是当前360° VR视频主流格式，但画质存在失真，压缩效率存在瓶颈。这种投影方式使用了一种经典的地图经纬线投影的思想，将球面展开为平面矩形，效果如图5-40所示。等角投影的经纬线正交成90°，没有角度变形，但面积变形最大，主要依靠增大面积变形而达到保持角度不变，球面赤道部分投影展开后失真小，越向两极失真越大。由于球面两极区域展开后，靠增大面积保持角度不变，引入了更多的无效冗余像素，导致视频文件编码压缩效率不佳。国外Youtube、Oculus、Samsung Gear和国内优酷、爱奇艺均采用此种投影格式生产VR 360媒体文件，图5-41是其中的一帧截图。

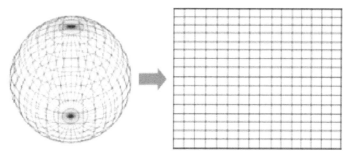

图5-40 球面展开为平面矩形

图5-41 360°VR视频展开图

　　Platonic Solid Projection（PSP，多面体投影）是业界关注的新方向，具有失真小、压缩效率高的特点。它利用了另一大类经典的地图投影思想，按相等经差与纬差的经纬线将球面划分为许多球面梯形，投影到某种多面体上，此处的多面体可以为四面体、立方体、金字塔、12面体等，其参数如表5-4所示。由于每个梯形单独投影，因此失真极其微小。在2016年5月的MPEG会议上，Samsung提交了关于PSP投影格式的提案。

表5-4 PSP投影划分参数

投影	3D 模型	2D 投影	顶点	面积比	
四面体（4个面）			4	3.31x	2.11x
立方体（6个面）			8	1.91x	1.22x
八面体（8个面）			6	1.65x	1.05x
十二面体（12个面）			20	1.32x	0.84x
二十面体（20个面）			12	1.21x	0.77x

360° VR视频（图5-42）可以采用普通视频的编码技术进行压缩。目前应用最多的视频编码技术是H.264，业界公认的下一代编码技术是HEVC和VP9。根据业界的测试结论，在保证同等画质的前提下，HEVC和VP9的压缩效率大约比H.264的最新版本提升30%左右。MPEG等标准组织的最新研究进展表明，对应于HEVC的下一代编码技术（H.266）的压缩效率，最多能比HEVC再提升30%。

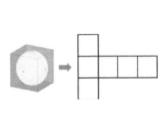

图5-42　360°　VR梯形展开

对于具有景深（3D）效果的VR 360视频，是通过左右眼具有双目视差的两个图像进行合成，形成立体效果。体现在媒体格式上，是将左右眼对应的两幅画面编码到同一帧，可以为左右排列或上下排列格式。从无压缩的信息量上看，3D效果的VR 360视频是2D效果的2倍，由于3D左右眼内容具有较高的相关性，达到同等的画面质量，压缩效率可以进一步地提升。根据业界的测试结果显示，使用相同的编码技术版本，3D效果的360° VR视频压缩效率最多可以比2D效果的360° VR视频再提升25%。

③ 网络传输技术路线　360° VR视频的在线传输有两种主要的技术路线。

a.全视角传输方案　所谓的全视角传输方案就是将360°环绕的画面都传输给终端，当用户头部转动需要切换画面时，所有的处理都在终端本地完成。VR全景视频在相同单眼可视分辨率情况下，由于帧率、位深、360°等原因，码率要比普通平面视频大很多，前者一般是后者的5～10倍，以单眼8K的极致全景VR视频为例，观看时要求的带宽达到5G，这对于网络来说是个极大的挑战，成本也大大增加。

虽然整个全景视频是360°的，但是在观看时，实际只能看到当前视野部分，看不到的部分只是占了网络带宽而没有真正用到，对网络资源造成了比较大的浪费。针对这种情况，业界提出了基于视角进行有差别传输VR视频的FOV传输方案。

在全视角传输方案中，终端接收到的一帧数据中包含了用户可看到的空间球对应的全部视角信息。用户改变视角的交互信号在本地终端完成处理，终端根据视角信息从已缓存到本地的帧中解出对应的FOV信息，在播放器中进行矫正还原，使用户看到正常视角的视觉信息。因此交互体验要求的20ms由终端来保证，不涉及网络时延和云端时延。这种方案对带宽的要求较高，时延要求较低，属于"带宽换时延"的传输方案。这种传输方案可以直接利用现有的主流视频传输技术，如MPEG.DASH、HAS、HLS、HPD等，主要在终端播放器增加了从全视角帧中投影还原出FOV信息的功能。

b.FOV传输方案　该方案主要传输当前视角中的可见画面。一般都是将360°全景视野划分为若干个视角，每个视角生成一个视频文件，只包含视角内高分辨率和周围部分低分辨率视觉信息，终端根据用户当前视角姿态位置，向服务器请求对应的视角文件。当头部转动视角发生变化时，终端向服务器请求新视角对应的视角文件。

Facebook公布的基于FOV方式传输的方案中，一共划分了30个视角，每个视角文件大小只有原始文件的20%，传输码率也相应地只有原来的20%，大大降低了观看VR视频的带宽要求，并且提高了带宽的有效利用率。这种方案也存在不足，就是所有视角的视频文件大小总和是原始文件的6倍，在服务器上会占用比较多的存储空间，但相对来说，带宽资源更加宝贵。

该方案中，终端接收到的一帧数据中不再包含空间球的无差别全部视角信息，而是根据用户的视角姿态构造对应的帧数据，一帧数据中只包含等于或大于视场角的部分视觉信息，终端需要判断用户转头改变视角的姿态位置，并将交互信号发向云端，请求新的姿态对应的帧数据。因此交互体验要求的20ms既包含终端处理时延，也包含网络传输时延和云端处理时延。这种方案的带宽要求降低，时延要求变高（E2E<20ms），属于"时延换带宽"的传输方案。这种方案可以利用现有的主流视频传输技术，如MPEG.DASH、HAS、HLS、HPD等，但对媒体文件的生成机制、云端和终端的处理机制都有相应要求，形成特有的流程。下面对其流程进行阐述。

● 姿态定义：定义枚举用户在空间球中的视角姿态位置，并进行$1 \sim N$的编号，每个编号i对应一个视角范围，视角范围可以正好等于FOV，也可以大于FOV。

● 媒体生成：根据视角姿态位置编号，生成对应的N个媒体文件，存放在云端服务器，并在云端服务器上编制对应的媒体描述文件（MPD）。

● 终端播放360° VR视频，首先向云端请求获取媒体描述文件，得到用户视角姿态位置和媒体文件的对应关系。

● 终端根据用户当前视角姿态位置i，请求对应的媒体文件i，以及360° VR视频开始播放的时间点t_0。云端接收到请求后，寻址到对应的媒体文件t_0时刻开始传输。终端接收到可支持播放的最小缓冲数据量b_0时开始播放，并继续向云端获取后续媒体文件内容。

● 在时间t_1，用户改变视角，对于每一个约定的视角改变度ϕ，终端识别出对应的视角姿态位置为j，位置i和位置j为连续相邻的两个位置。终端请求对应的媒体文件j，以及VR 360°视频开始播放的时间点$t_1+\Delta t$。终端接收到可支持播放的最小缓冲数据量b_0，并在播放完媒体文件i剩余的Δt时长后，开始播放媒体文件j，并继续向云端获取后续媒体文件内容。

Facebook在2016年年初公布了一种基于金字塔投影的FOV传输方案。金字塔投影属于PSP投影技术的一种，可减小媒体文件的平均码率到ERP投影原画质的20%。同时牺牲部分画质体验来降低对E2E 20ms交互的要求，属于一种改良后的折中FOV方案。

如图5-43所示，将用户在虚拟环境中的视觉信息对应的全部球面数据放入金字塔投影。用户视点正前方的平面为FOV平面，使用高分辨率编码；其余四个平面为非FOV平面，分辨率从与FOV平面相交的边到视角反方向的顶点逐渐降低。将金字塔展开后加以调整，可将全部360°的球面视觉信息置入到矩形中。这种矩形帧格式编码压缩效率很高，金字塔投影的码率可减小到ERP投影原画质的20%。

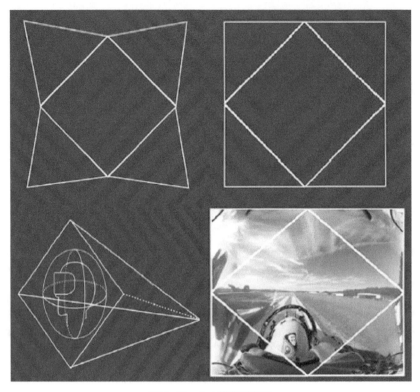

图5-43 金字塔投影变换

在传输技术上，Facebook使用与现有技术兼容的网络传输技术，以存储换时延，并牺牲部分画质体验保证交互体验。要点如下。

● 对用户头部平均分布的不同姿态位置进行编号，预生成对应的30个锥形全视角文件存放在服务器（存储换时延），和现有的MPEG-DASH流化方案兼容。

● 在用户头部姿态未改变时，默认解码高分辨率的FOV平面。

● 当用户头部位置交互变化未超过请求阈值时，用户看到的视场信息由大部分FOV平面（高分辨率）和小部分非FOV平面（低分辨率）组成，牺牲部分画质体验保证交互体验。

● 当用户头部位置变化超过请求阈值时，用户看到的视场信息暂时由小部分FOV平面（高分辨率）和大部分非FOV平面（低分辨率）组成，同时请求新的姿态对应的锥形全视角文件，待Buffer获得足够数据后将视场信息更换为FOV平面（高分辨率），牺牲短时间内的部分画质体验保证交互体验。

VR将成为下一代通信平台，带来数字洪水，大部分计算在云端完成，这就要求网络和云更加协调与融合，变为大带宽、低时延、高能效、按需存储/计算/信息传递的"智能管道"。

Chapter 06

虚拟现实的行业应用

6.1 从体验推广到消费普及

2016年被认定为VR元年，硬件渗透率稳步攀升，在硬件普及之前线下体验是VR商业模式中重要的变现出口；VR线下体验模式加速VR硬件的落地如教育市场，另一方面能够实现快速变现，推动整个VR行业的发展。线下体验作为VR产业推广的主流商业模式，未来升级空间巨大，有望向VR垂直综合体演变，盈利能力持续释放。

2016年，多款VR硬件设备开售，渗透率进一步提升。其中包括旗舰产品HTC Vive、Oculus Rift和PS VR。

市场研究机构Strategy Analytics报告显示，2016年共售出超过3000万台VR头显，表明市场正在增长。另一个亮点则是，这3000多万台设备来自6个竞争中的VR平台，这表明VR市场已经呈现出碎片化的趋势。图6-1展示了各家VR出货量的占比。

尽管Cardboard和Gear VR一骑绝尘，但报告却清晰展示了售价和销量的负相关关系。Cardboard毫无疑问价格最低，Gear VR售价稍高，Vive、Rift和PSVR则售价更高。除此之外，还需要注意销量并不等于收入。根据报告来看，Cardboard在收入方面仅占市场的12%，而Gear VR则占到35%。索尼和三星的收入加起来占到整体收入的一半以上。

VR产业C端市场巨大，但是仍然处于起步阶段。随着VR硬件的不断渗透以及消费者消费行为的不断升级，VR产业未来在C端市场的空间巨大，如表6-1所示。但是由于多种因素的存在，目前VR产业在C端市场还非常不成熟，具体表现为：

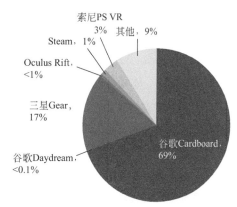

图6-1 2016年全球VR头显的出货量

来源：Strategy Analytics

表6-1　几大智能平台硬件和内容规模对比

排名	硬件（2016年出货量）	内容（2015年游戏营业收入）
手机	14.71亿部	206亿美元
PC	7.26亿台	337亿美元
平板	1.75亿台	121亿美元
电视/游戏主机	电视出货量2.25亿台，三大次时代游戏主机累计销量超过8千万台	251亿美元
VR	3000台	—

① 硬件渗透率还不够高，受到目前VR硬件设备价格相对较高、体验不够完善、使用场景受限等不利因素的影响，其普及率还不够高；

② 软件内容不够丰富，由于缺少巨头参与其中，现阶段适配VR硬件的内容非常匮乏，而且普遍质量不高。

线下体验模式助力设备商和内容商打通C端市场，渠道价值凸显。当靠设备商和内容商自己的力量很难单独快速打通C端市场的时候，线下体验模式就为这两方提供了一个很好的平台。线下体验模式一方面可以作为设备厂商的推广平台，帮助硬件产品的推广；另一方面又可作为内容的变现出口，加快内容的变现速度，提升内容商的盈利能力和现金流。短期来看，线下体验模式能够帮助设备商和内容商打通C端市场，是VR产业链中不可缺少的重要环节。

中国目前拥有超过2500个主题乐园，但是大多数主题乐园开设的项目雷同，质量难以达到消费者的预期。国内高端主题公园市场未来发展空间广阔，VR切入正当时。

购物中心规模虽然稳定增长，但是面临人流量下降危机。中国连锁经营协会（CCFA）联合德勤中国等机构发布《2014中国购物中心与连锁品牌合作发展报告》称，虽然零售行业增速持续下滑，购物中心仍较其他传统零售渠道保持较快发展态势。

体验式消费拉动客流，VR再添一笔。面对线上电商的冲击，众多购物中心开始倡导体验式消费，希望通过体验式消费让消费者从线上回归线下，目前最主要的体验式消费形式就是除了在商场中开设传统的店铺外，再开设比如溜冰场、儿童游艺、电影院、餐饮、健身会所、KTV等娱乐体验性场所。商场中的体验式消费需要各式各样的体验式消费内容来进行填充，特别对新型的体验式业态异常渴望，而VR线下体验店则恰恰符合了购物中心这一需求。

目前VR线下体验行业主要有三种运营模式：线下体验馆、主题乐园以及主题公园。

（1）线下体验馆模式

面积一般在30～50m² 之间的小型VR线下体验馆，体验项目较少，项目质量参差不齐，运营成本较低，是目前国内VR线下体验行业采取的主要运营模式，也是VR线下体验行业发展初期的主要模式，如表6-2所示，代表企业有乐客VR、乐创以及顺网科技。

乐客VR是VR线下体验馆建设先行者，团队由一群具备丰富电影制作、游戏开发以及大型娱乐研发等行业的精英组建而成，专注于VR主题娱乐开发、VR游戏互动开发、VR电影制作、VR旅游研发等领域。

表6-2　线下体验馆模式代表性企业

名称	公司简介
乐客VR	为VR线下体验馆提供外设硬件的统一控制系统和内容集成
乐创	打造5D、7D、8D影院，9DVR体验馆，车载影院等
顺网科技	作为HTC Vive独家代理商，将为网吧搭建VR体验场所

乐客VR在虚拟游乐领域不断开拓，将VR技术引入游乐产业，并研发出VR动感体验设备，提供VR内容专业定制以及VR线下体验整体解决方案。

① 丰富的VR内容　乐客灵境提供持续更新的优质内容，目前平台上游戏已达40余款，主要是游乐类短DEMO。内容渠道包括三方面，即自己开发内容、与第三方合作开发、代理发行，最终共同打造高品质的线下体验内容。

② 全新二代一体机搭载VRLe云平台　一体化整合系统，提供便捷的控制功能，且拥有海量内容，并支持联网操作，实时同步云端数据。其兼容性好，能够兼容Oculus、3Glasses、大朋等头显设备，并能够适配机枪、跑步机、座椅等外设。

③ 随动座椅　如图6-2所示，实现视觉与其他感官的联动，以增强沉浸感。

④ 持续更新的产品　随着越来越多的外设融入VR体验应用中，产品形态正逐渐丰富起来。例如，刚刚推出的全新游戏解决方案包括一体机、跑步机、悬挂头盔以及体感枪等，层出不穷的新产品将不断刷新用户的体验。图6-3展示了一种双人射击游戏解决方案。

图6-2　随动座椅效果图

图6-3　双人射击游戏解决方案

（2）主题乐园模式

面积在 $50 \sim 400 m^2$ 的中型VR线下体验店，体验项目较小型体验馆数量增多，项目质量上乘，运营成本相对更高。目前国内仅有少数几家公司的旗舰店采取这种模式，如表6-3所示，代表企业有超级队长、举佳爽以及米粒影业（米粒星核乐园）。

表6-3　主题乐园模式代表性企业

名称	公司简介
超级队长	VR互动体验运营的先行者，重点布局全国各主要城市的商业综合体
举佳爽	主营互动娱乐、室内外乐园整体解决方案，以及FAMIKU科技馆的开设等
米粒影业	旗下拥有米粒星核VR主题乐园，以米粒影业真人特效电影《星核》为主题打造VR线下乐园

图6-4　米粒星核VR主题乐园

米粒星核VR主题乐园是国内第一家VR主题乐园，如图6-4所示。星核VR主题乐园中心（第一季）坐落于上海市黄浦区局门路457号。乐园中心集成了完整的VR技术、光学捕捉技术等，让玩家在整个虚拟环境中真实感觉自己的存在，赋予其最真实的视觉感知、听觉感知、触觉感知、运动感知等。

《星核》VR体验，总共可以分成三个部分，即太空栈道、穹顶遇险和绝命逃脱。

a.太空栈道　太空栈道是单人体验环节。玩家在VR故事中会扮演一名凤凰号舰船"新兵"的角色，在太空中行走，按照指引走过一段廊桥。玩家将在机器人"舰长"的指导下，用光谱手套3次触发"圆盘"，每次触发大概会耗时5秒，需等待进度条由0变化到100%。

b.穹顶遇险　穹顶遇险是三人体验环节，玩家将坐在座椅上，通过操纵座位前的手柄体验VR版。玩家要操作炮塔对外来的袭击者进行回击。

c.绝命逃脱　绝命逃脱也是三人体验环节，这应该是最传统的VR游戏。玩家将坐在"蛋壳"座椅上，握住座椅两边的手柄，体验乘坐"太空舱"逃离的过程：玩家先是坐在"太空舱"中，在竖直往上升的过程中，玩家可以看见竖直隧道外的机甲战士；之后，太空舱将不断受到坠落陨石的撞击以及经历星体爆炸，在此过程中蛋壳座椅会左右震动，让玩家真实地感受到太空舱被撞击或经历爆炸时的冲击感。

（3）主题公园模式

面积超过400m²的大型VR体验园，把VR和主题公园模式结合，能同时容纳多人体验（50～100人），体验项目种类繁多，项目质量一流，可能会有全体感VR体验项目的加入。国内目前还没有这种形式的VR体验园建成，但是已经有企业推出了概念宣传片，代表企业如表6-4所示，有恒润科技（"追梦时空"）、The Void（美国）、圣威特。

表6-4　VR线下体验行业各模式代表性企业

名称	公司简介
The Void	大空间多人交互主题公园
圣威特	背靠华谊主题公园开展"虚拟骑乘"项目，提供沉浸式体验
恒润科技	专注于主题公园、科技馆、博物馆、大型企业及商业用户的主题文化游乐产品的创意设计

The Void是现实感最强的VR主题公园，如图6-5所示。The Void主题公园是位于美国犹他州的一个大型VR主题公园。在VR画面与真实场景相结合的空间内，体验者如同身处在另一个世界，不但可以自由行走，还可以与场景进行多种互动。玩家的基本装备叫做Rapture，包括头盔和背心，配合其他辅助道具和设备，就可以飞天遁地，穿越时空，体验超能力了。

The Void目前共设有3个体验项目，分别为玛雅神殿、Alien Capture以及Unreal Tournament 4。

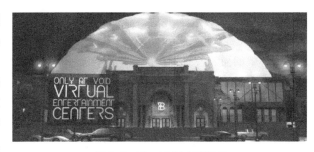

图6-5　The Void主题公园

a.玛雅神殿　一款寻宝游戏。玩家需要独自探索玛雅神殿，寻找藏在其中的宝藏。玩家在这个游戏中能够根据所看到的内容自由地走动，并且亲身体会如地震、失重的感受。

b.Alien Capture　团队合作游戏。玩家需要找到冰冻封存的外星人，将外星人解封，击倒它并且带它回到基地，其中要通过多道关卡，比如与敌人进行射击对抗，解开密门密码等，是一款集射击以及解谜为一体的VR游戏。

c.Unreal Tournament 4（虚幻竞技场4）　这款游戏为特定的媒介重新做了调整，玩家能够以每小时70mile（1mile=1609m）的速度绕着The Void跑。

由于VR对消费者的吸引力巨大，加上线下体验馆数量有限，所以目前线下体验模式的变现能力突出。

伴随着整个VR产业快速的爆发，短期来看，VR线下体验行业由于突出的渠道价值以及店铺数量的爆发式增长，会呈现出快速发展的态势。长期来看，从线下体验馆、主题乐园以及主题公园三种经营模式预测，未来VR线下体验市场的市场规模可冲击千亿。

VR线下体验馆模式是目前国内VR线下体验行业最主要的经营模式，对比其他线下娱乐行业，如果未来VR内容端更新速度变快，质量逐渐提高，未来该行业可能比肩目前仍然高速增长的电影行业，反之则可能类似于现在发展已经成熟的网吧与电子游戏厅行业。

可以依据目前影院单块荧幕（网吧单店，电子游戏厅单店）的运转效率来预估VR线下体验店单店的运转效率。运转效率指的是单块荧幕（网吧单店，电子游戏厅单店）目前一天的营收/单块荧幕（网吧单店，电子游戏厅单店）满负荷运转营收。通过计算可以得出电影院、网吧和电子游戏厅的运转效率分别为21.8%、6.76%和10.42%。由此预计，VR线下体验市场长期规模下限为250亿元左右。

6.2　垂直领域的应用

随着Oculus、HTC、Sony等厂商相继推出沉浸式VR设备，电子科技公司、手机制造商、科技创业公司等看到了市场前景。从VR元年开始，VR产业持续升温，各大巨头进场速度加快，依托自身业务布局硬件、系统平台等领域，竞争愈演愈烈。VR与行业的结合蕴藏着巨大机会，下面主要从游戏、教育、医疗和军民两用4个领域展开论述。

6.2.1　游戏领域

VR带来的媒介更替与内容变革将颠覆传统内容的制作生产与组织方式，传统游戏向VR游戏的过渡较为平滑，眩晕等问题不会使用户放弃体验。借助于眼镜、头盔等可穿戴设备，辅以手柄、手枪、地毯等配件，让用户沉浸在游戏场景之中，给予其更真实的交互体验，例如体感交互、压力反馈等。预计游戏将占据VR内容的最大市场份额，是VR最有机会先行爆发的应用场景。

目前VR游戏市场尚处于启动期，因其有较高的技术壁垒，用户规模和黏性不足，尚没有探索出有效的盈利模式。目前市场以Oculus、HTC、Sony为主的VR硬件厂商，延续主机游戏的商业运营模式，国内主要以价格低廉的移动VR硬件为主要发展方向。伴随着VR硬件的成熟，游戏企业和独立游戏开发者将去尝试更多的游戏内容，硬件的成熟和软件的爆发将推动VR游戏产业加速蝶变。由于PC的性能高于智能手机，三大公司设备未来2～3年将引导VR游戏行业发展，PC和其他家用游戏机将继续是主要的VR游戏硬件设备。短期内限于技术短板，VR设备和游戏体验是推广的很大限制，随着技术革新，未来VR游戏体验将会不断提升。

随着VR硬件逐渐普及，全球VR游戏市场规模将呈现快速增长趋势。如图6-6所示，VR游戏市场产业生态已初具规模，在技术支持、内容产出、内容分发和支持服务环节，均已涌现出具有代表性的厂商，但商业模式尚未构建完毕。目前VR游戏没有渠道，没有大规模用户，并且游戏内容数量匮乏，硬件设备兼容性和可玩性也有很大局限，用户普及仍然比较缓慢，无法复制手游的免费模式，在盈利模式上尚处于探索阶段。图6-7展示了当前的VR游戏内容的盈利模式。VR游戏市场尚处于启动期，硬件普及将推动产业发展。

图6-6　VR游戏生态链典型厂商

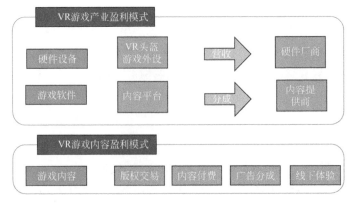

图6-7　VR游戏盈利模式现状

VR游戏设备不断向消费者级别发展，硬件普及将推动游戏内容发展。

VR游戏设备按照输出设备可以划分为三大类型。

① VR头盔　外接电脑、主机的沉浸式HMD，优点为沉浸体验好；缺点是价格昂贵，有线设备限制移动范围，对电脑配置要求高。代表性产品是Oculus Rift、HTC Vive、PlayStation VR。

② VR一体机　无需外接设备，可以独立运行。优点为兼顾轻便和性能，不受空间和其他设备限制，沉浸感较好；缺点是价格昂贵，目前技术尚不成熟。代表性产品是Bossnel头戴式影院和大朋VR一体机。

③ VR眼镜　配合手机的头戴式设备（Mobile VR）。优点为成本低廉，拥有价格优势，易于携带；缺点是体验较差。代表性产品是Cardboard、Gear VR和暴风魔镜。

表6-5对比分析了主流VR游戏设备性能和游戏储备上各自的优势。图6-8分别展示了四大厂商的代表性产品及在游戏方面的作品。

表6-5　主流VR游戏设备对比分析

产品名称	Oculus Rift	HTC Vive	PlayStation VR	Gear VR
所属厂商	Oculus	HTC	Sony	Samsung
硬件平台	PC	PC	PS4	Galaxy
分辨率	1080×1200	1080×1200	1080×1920	2560×1440
刷新率	90	90	60	60
FOV	100	110	100	96
控制器	Oculus Touch	Steam VR Controller	PS Move	Touch Pad
内容平台	Oculus Store	Steam VR	PlayStation Store	Oculus Store
价格	$599	$799	$399	$99
综合对比	不支持大范围走动，头显更舒服	功能最强，交互性最强	移动范围受限较大，沉浸感稍差	无线缆便携性好，续航时间较短，软件体验一般

(a)Oculus代表性游戏产品

(b)PS VR代表性游戏产品

(c)HTC代表性游戏产品

(d)Gear VR代表性游戏产品

图6-8　四大厂商代表性游戏产品

表6-6对比了三大主流VR头盔厂商的内容分发平台，均有3A级独占大作吸引核心玩家。表6-7对比了国内外主流VR厂商的内容分发平台，移动端平台将引导大众玩家走进市场。VR游戏与传统游戏存在较大的差异，需要从玩法设计上进行调整。下面从多个方面展开阐述。

表6-6　三大主流VR头盔厂商内容分发平台对比

产品名称	Oculus Home	Steam VR	PlayStation Store
所属厂商	Oculus	Valve	Sony
平台属性	硬件附属渠道	第三方分发平台	硬件附属渠道
用户数量	暂无	不少于1.25亿	4000万以上
游戏储备	30款游戏与Oculus Rift同步发售	HTC Vive上市同步推出50款游戏	PS VR上市时发售至少50款游戏，正在开发中的游戏有上百款
代表游戏	《EVE：Valkyrie》《Chronos》	《Job Simulator》《半条命2》	《夏日课堂》《初音未来项目VR》
特点	随着VorpX出现，《战地》《GTA5》等顶级大作登陆平台时，将是Oculus平台爆发增长的关键	Steam作为全球最大的PC游戏分发平台，积累了大量游戏研发商及游戏内容。HTC自己也开发了内容平台，未来VR内容也有可能转移平台	平台针对PS4硬件，可直接获得PlayStation的潜在用户，该平台作为主机三巨头之一旗下产品，积累了大量独占游戏和用户

表6-7　国内外主流VR厂商内容分发平台对比

产品名称	Gear VR Store	Google Play	暴风魔镜APP	大朋助手
所属厂商	Samsung	Google	暴风科技	乐相科技
平台属性	硬件附属渠道	安卓应用平台	手机VR内容分发平台	硬件附属渠道
用户数量	20万以上	14亿	40万以上	150万以上
游戏储备	目前Store中游戏数量约为70款，总体内容200个	上百款	60+	200+
代表游戏	《Tactera》《EVE：Gunjack》	《Lamper VR》《Deep Space Battle VR》《Titans of Space》	《丛林历险记》《魔兽跑酷》《极乐王国》	《Miku初音》《坠楼惊魂》《回环过山车》
特点	三星Gear VR的官方内容平台，是目前唯一已经商业化的VR内容平台，开发者可以在这个平台销售VR相关应用	谷歌推出廉价VR设备Cardboard以及其应用商店。当用户在应用商店中获取VR应用时会跳转到Google Play。目前谷歌正在构建VR平台Daydream	暴风魔镜不限制设备，可以安装在任何手机上，也可以搭配其他VR设备，但对设备的控制兼容性有待提升	大朋VR推出的VR内容平台，兼容Oculus，缺少对各家VR设备遥控器的支持和兼容，有一定的游戏储备，但质量参差不齐

① 运动差异　VR游戏体验者通常身体是静止不动的，各种加速、旋转、震动的玩法都有可能带来不适感。代表游戏如《VR过山车》，有明显眩晕感，需要进行相应的规避或调整。

② 头部追踪　点头和摇头的操作可以被识别，头部可移动、改变视角，可增加相应的玩法模式，增加游戏趣味性。代表游戏如《Land's End》手机端VR游戏，不支持空间移动，但可进行头部识别。

③ 360°视角　视角方向跟随头部转动和移动，视野非常宽广，代表游戏如《The Climb》。

④ 双手操作　双手控制具有空间感、持握感，适用于解谜、竞技、建造等游戏，代表

游戏如《MineCraft》。

VR游戏需要与场景融为一体的创新操作方式。由于VR游戏中，玩家无法看到输入设备，键盘和鼠标的操作基本被完全放弃，这种操作方式的改变颠覆了传统游戏的操作方式。目前主流方式是注视操作和游戏手柄，体感控制也将会逐步加入到VR输入标配中。由于VR游戏中无法看到输入设备，所以VR游戏的操作方式不能过于复杂，需要符合人类的直觉行为。目前最好的方式就是把玩家动作作为输入方式的一部分，捕捉全身各个部位的动作并输入到游戏中。

当前，VR游戏仍存在多种不适应性，对市场普及和推广有较大的阻碍作用。

① 设备性能不足　因陀螺仪精度和画面渲染等原因带来的糟糕的画面表现和延迟问题。搭配的PC、手机本身性能较差，如CPU、GPU配置过低，手机发热、电量等带来的一系列问题。

② 舒适度较差　因游戏画面效果、帧数或体质等问题，导致VR游戏体验者和画面无法完美同步所带来的眩晕感。对于近视玩家和头显、手柄等外设的佩戴舒适度问题，需要从工业设计方面进行优化改善。

③ 交互性不足　因无法使用键盘和鼠标，需要改变使用习惯，从游戏玩法设计上进行大范围改动。手机VR缺乏配套设备，无法完美支持双手。

④ 游戏内容少　由于制作成本的原因，目前已经开发的游戏内容主要集中在PC和主机平台，都属于大厂大制作，对于中小厂商有较高的进入门槛。小厂商制作的游戏画面相对粗糙，导致游戏体验较差，很难盈利，产出也相应较少。

从国内市场前景来看，目前VR游戏市场尚处于启动期，用户规模和黏性不足，尚没有探索出有效的盈利模式。国内VR游戏平台较少，没有大规模用户，游戏内容量匮乏，游戏内容短时间内还不能够快速变现，需要等待VR硬件的大规模普及。降低成本是吸引消费者购买的重要因素，扩大VR技术的影响力则能够提升VR市场份额上限，而提高VR内容质量，则有利于提高用户体验，同时也进一步提高了推广效率。从行业趋势来看，行业标准逐渐形成，山寨厂商逐渐被淘汰，硬件厂商建立平台渠道，扩大用户规模；大型手机制造商、游戏厂商通过资本、合作进入市场。从内容趋势来看，技术推动内容制作工具水平提高，游戏产出效率提升；根据硬件区分游戏类型，PC/主机设备以重度游戏大作为主，移动VR以中轻度游戏为主。从用户趋势来看，VR硬件普及培养用户群，吸引更多参与者加入VR游戏市场；根据硬件区分游戏目标用户，PC/主机设备针对核心用户，移动VR面向更广泛的大众玩家。

资本将助力开发者进入VR游戏行业，加速游戏内容发展。由于PC的性能高于智能手机，三大厂设备未来2～3年将引导VR游戏行业发展，PC和其他家用游戏机将继续是主要的VR游戏硬件设备。短期内限于技术短板，VR设备和游戏体验是推广的很大限制，随着技术革新，未来VR游戏体验将会不断提升。目前各大硬件厂商分别在建立自己的VR游戏内容分发平台，并通过销售硬件吸引潜在用户，拓展用户规模。目前国内外可以下载、试玩的游戏还以Demo版本为主，能够提供完整玩法的VR游戏较少，未来将有更多开发者加入VR游戏的研发。

当前国内VR硬件市场持续升温，加速推动VR游戏产业布局。在VR硬件厂商方面，2016年4月发布大朋VR一体机，5月举办了中欧VR游戏开发者大赛，在VR硬件和平台上有广泛的布局，大力推动了国内VR游戏硬件平台的发展，为VR游戏评判标准的建立奠定基础。2016年5月发布与Leap Motion合作,号称首款支持手势识别的移动VR眼镜——暴风魔镜5Plus。在VR眼镜设备技术上处于国内行业领先位置,为推动VR手游内容制作建立了良好的环境。

在终端硬件厂商方面,2016年5月推出华为荣耀VR,专门适配荣耀V8,与优酷合作,提供大量VR适配、图片、游戏内容,领衔国内手机厂商布局移动VR,但配置与VR所需要求仍有一定差距。2016年8月小米宣布"小米VR1元公测",但未公布具体内容,以宣传造势为主。

未来VR游戏将出现在各个平台,VR游戏也将呈现移动化、社交化趋势。随着Sony推出PS VR,微软、任天堂也加入VR市场,三大主机厂商齐聚VR领域,主机销量日渐下滑,因其低于PC的价格优势,研发相应VR游戏将有望带动主机市场。三大VR硬件厂商中有两家是PC头盔设备,PC因其设备性能和用户基数优势,成为VR游戏的主要研发阵地,PC端也将有最好的游戏体验效果,是目前最主要的VR游戏平台。随着技术推动硬件体验提升,移动VR因其便携性和价格优势,将是未来主要的VR硬件终端。移动游戏的入门门槛也相对较低,将会是中小开发商的主要研发领域。现阶段用户在VR环境下的体验彼此孤立,而这与游戏发展的多人化、社交化方向相反,将有可能对VR头显的普及造成障碍,未来将会向社交化游戏模式发展。

6.2.2　教育领域

随着生活水平的提高和新一代父母教育理念的升级,教育市场需求旺盛,新型模式"互联网+教育"方兴未艾,VR教育具有广阔的发展前景和投资机会。VR在教育领域中的应用主要体现在可以构建虚拟学习环境、虚拟实验基地,能创造虚拟学习伙伴,可以建立虚拟仿真校园,还能做虚拟实验。在教育领域的VR应用,首先要打破传统观点中内容为主的想法。良好的教学内容与师资力量,也需要先进的技术来表达传播。应用VR的硬件设施与软件环境,可以帮助老师更容易地授业解惑;对于学生来讲,传统教学方法中难免存在无法参与、无法互动的瓶颈,而VR重在强调学习过程中的参与性,让学生亲身体验,主动思考,积极学习,避免填鸭式的被动教学,进行全真模拟展示和交互,增加教学的实践性和真实感,丰富师生对3D立体展示和实践性的需求。例如图6-9所示的虚拟仿真校园的应用,该系统是利用三维全景软件,与图像、文字、声音等多媒体技术的结合,构建出一个生动逼真的三维虚拟校园,让学生、家长等更多的人通过互联网,不用到达现场就能身临其境地感受优美的校园风光和教学环境。与传统的2D平面的学校图片相比,虚拟校园所具有的沉浸感和交互性可以使使用者对校园有一个全方位、立体化的了解。

在如此良好的形势下,国内各大行业也纷纷布局VR教育市场,下面是几种主要的类型。

(1) VR公司开拓教育领域

- 北京微视酷　推出IES沉浸式课堂系统,打造VR课堂。
- 完美幻境　助力上海教委创教育领域首个移动VR直播IP。
- 盟云移软携风烁科技　开发《VR教育游戏》系列产品。

图6-9 虚拟校园

- 北京赛欧必弗　推出VR教育解决方案。
- 网龙华渔　推出VR101教室，打造VR编辑器。
- 黑晶科技　推出VR/AR超级教室。
- 梓时数字　推出VR教室解决方案。
- 小霸王　与美国AMD合作，拟投4亿多进军VR教育。
- 北京智诚众信　推出智诚科技VR教育体验平台。
- 幻宇科技　国内首家与政府合作推广VR教育。

（2）教育公司引入VR技术

- 泛美教育　创爱礼科技，创中国教育VR公司泛美视界。
- 巧克互动　研发VRclass教学系统，进军VR英语教育。
- 新东方　携手乐视，开启VR全景式教学。
- 邢帅教育　融资3个亿投入VR教育。
- 智课网　携手创维，基于5000多家海外名校库接入VR技术。
- 微睿教育　从内容入手打造一整套中小学VR实验室。

（3）上市公司布局VR教育

- 百度　百度教育事业部推出VR教育。
- 网易云科技　专注VR游戏设计师培训。
- 立思辰　子公司康邦科技与北航合作，围绕VR领域加强产学研用协作。
- 川大智胜　子公司华图科技已有科普教育领域的VR产品。
- 天喻信息　要进行教育领域应用VR技术的研究。
- 安妮股份　投资桎影数码，开发儿童VR教育产品。

（4）传媒涉足VR教育

- 城市传媒　基于旗下青岛出版社有限公司教材教辅版权资源优势，推进多学科VR课件产品开发。
- 凤凰传媒　旗下厦门创壹软件推出"100唯尔教育网"，是全国最大的VR三维互动在线教育云平台，拥有全部自主知识产权的 VR 技术。

- 皖新传媒　打造 VR 数字教育内容全媒体平台，重构产业生态圈。
- 易视互动　打造 VR 图书，挽救传统书籍市场作。

（5）高校成立 VR 实验室

- 清华大学　2016 年 6 月 2 日，龙图教育在清华大学计算机系做了 VR/AR 专题报告，6 月 28 日，网易宣布和清华、AMD 联手共建 VR 实验室。
- 北京航空航天大学　2007 年成立虚拟现实新技术国家重点实验室。
- 北京师范大学　2005 年成立北京师范大学虚拟现实与可视化技术研究所。
- 西南交通大学　成立虚拟现实与多媒体技术实验室（铁道部重点实验室）。
- 山东大学　成立人机交互与虚拟现实研究中心。
- 四川师范大学　成立可视化计算与虚拟现实四川省重点实验室。

（6）AR/VR 早教

- AR/VR 魔幻空间　利用 AR/VR 技术进行早教应用开发。
- 小小牛创意科技　推出 AR 迷镜产品针对儿童教育。
- AR 超能学院　将 AR 互动早教认知卡、AR 早教涂鸦绘本和拼图三者同时融合。
- 魔法学校　推出 AR 涂涂乐系列产品。
- 小熊尼奥　推出基于 AR 的"梦镜盒子"和"口袋动物园"。
- 映墨科技　推出龙星人儿童 VR，布局青少年 VR 教育和娱乐。
- 视+　推出视+教育系列，针对青少年教育。
- 灵石科技　推出 AR 早教机。

（7）VR 人才培训

- 龙图教育　推出"授权+认证+教学支持"一体化 VR 人才培养体系。
- 图兰卡实训　推出 VR/AR 产业化培训+实训教育课程体系。
- VRStar　推出 VR 人才垂直培训。
- 水晶石教育　开设 VR 互动展示专业。
- 火星时代　开设 VR 游戏培训课程。

（8）VR/AR 教育行业网站

- VR 教育网　中国 VR 教育行业第一站，VR 教育研究领跑者。
- AR 学院　AR 行业综合学习网站。

目前国外厂商在 VR 教育上较为领先。从产品内容的数量、质量以及开发人员的数量方面看，国外均大幅领先于国内，其中原因可能同目前市面上主流的设备主要是 Oculus Rift、Gear VR 以及 PS VR 等国外厂商产品有关。除了 Cardboard 走廉价路线之外，以 Oculus 为代表的 VR 设备依然价格高昂，目前在价格上不具备优势，不利于学校大范围推广。

美国是 VR 技术的发源地，同时也是世界上教育质量最高的国家之一。未来伴随着中国经济腾飞发展和消费结构升级，美国 VR 在教育产业的应用对我国有很大的借鉴作用。相对于国内，已有部分国外院校开始大规模使用 VR 技术，并且取得了一定的成果。美国的 VR 产业链布局还包括技能培训与以情感体验为目标的应用，表 6-8 展示了中美 VR 教育产业的对比。

表6-8 中美VR教育产业对比

项目	中国	美国
发展现状	发展上升期，教育类产品不多，代表产品有3D互动教学系统和飞行仿真实训系统等	发展迅速，技术领先。代表产品有虚拟仿真校园和圣安东尼奥联合基地等
政策	国家开始重视其发展，结合教育信息化鼓励政策出台相对晚	国家投入大量资金，早在1993年起步，推出重点发展方案
技术	起步较晚，技术发展尚不充分，用户体验不足	技术世界领先，接近已经通关
教育方面应用	应用面不宽泛，目前仍主要用于游戏和影视方面，教育方面投入使用少	运用广泛，许多高校与培训班在研究和投入大量使用
未来发展	结合教育产业，未来打通技术关卡，扩大推广规模，应用前景良好	优势明显，发展领先，产品遍布世界各地

虽然在整体水平上国内外差距明显，但是国内也不乏优秀的VR研究实例。

① VR漫游案例。如图6-10所示。用虚拟的方法产生一个教学场景，学生可以根据自己的意愿选择游览路线、速度及视点，通过在创设的虚拟场景中游览来完成所学知识的意义建构。

图6-10 虚拟漫游

② 虚拟现实仿真实验。它是指人们在现有条件下无法正常进行的实验或对人生命有严重危害的实验，如图6-11所示，用VR的方法按照科学理论设计一个虚拟实验，学生通过虚拟的实验来观察实验过程和了解实验结果，从而完成知识的意义建构。

③ 虚拟博物馆。博物馆是学生学习专业知识和培养兴趣的场所，针对普通学生难以参观一些著名博物馆的现状，如图6-12所示，借助于VR技术，通过VR头显，学生即可置身于大英博物馆、卢浮宫或纽约市博物馆。

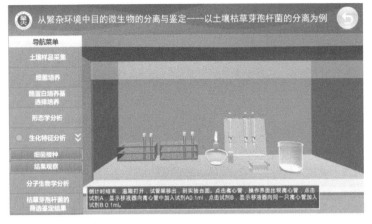

图6-11 虚拟仿真实验

图6-12 虚拟博物馆

图6-13 虚拟安全教育

④ 安全教育。它是在校教育中不可或缺的一部分，利用VR技术，其沉浸感使得学生可以在模拟教学中获得最为客观、真实的感受。尤其是在校园火灾（图6-13）、地震的逃生疏散模拟中，学生能够真切地感受到灾难的动态演化过程，以及观察周围人群不当的逃生行为造成的拥挤、踩踏等次生灾难，促使其从全局的角度出发，结合教师传授的知识，现场做出最佳选择。教师也可以在模拟演练后，在实验数据的基础上，通过系统分析，建立学生疏散逃生的行为模型，并将结果反馈到教学中，从而更好地锻炼学生的安全自救、随机应变能力。这种人机的互动交互，沉浸式的疏散演戏体验，基于实验数据的行为模型，多样化的呈现形式，是传统的疏散演习所不能做到的。

就现阶段而言，VR教育机会与挑战并存。由于VR教育还处于行业起步期，无论是设备技术的成熟程度，消费级产品的受市场认可程度，还是注入内容的丰富程度，都与大规模的推广还有一定距离。此外，在核心内容的生产工具方面，还有一定的技术研发瓶颈在短期内难以突破，产业链也相对单薄。

不过，由于VR可以突破空间、资源和能力限制，实现与现实的另类交互，VR与教育的结合可以颠覆传统教学方法中受教育的一方无法参与、无法互动的瓶颈，更能增加教学的实践性和真实感，丰富师生对3D立体展示和实践性的需求。尽管短期内VR教育发展仍依靠技术推动，但是随着技术不断发展，在硬件性能趋同的背景下，内容的交互将构成差异化竞争力，VR+教育产业联动将会有更好的发展趋势。

6.2.3 医疗领域

相比游戏、教育等VR行业应用，医疗健康应用项目目前较少，但也最有可能形成规模应用。如VR通过重现环境，增强临场感和沉浸感，达到治疗心理疾病的目的；创建的逼真虚拟环境为医生及医疗专业人员提供平台去模拟手术和其他精细的操作；利用VR，医生可以更准确地了解患者体内病灶的具体位置，以及对患者可能造成的功能损害。下面从6个方面介绍VR在医疗方面的应用案例。

（1）医疗教育

医疗教育的最终目的是临床操作，但是传统的平面教材缺失互动和立体等特性，难以给学习者实质性的高效指导，特别是实体解剖和外科手术等价值高但是机会缺少的资源。VR系统可以为学生提供课堂环境下无法实现的更优医疗培训。如图6-14所示，借助立体建模、定位测距、五维坐标（三维空间＋平行宇宙）等技术，VR在模拟器官解剖和虚拟外科手术方面具有传统教学难以比拟的巨大优势。此外，随着直播热度的不断升高，复杂外科手术的实时VR直播也具有极强的医疗技术交流和教育意义。录制和直播学科带头人和一些骨干级专家的手术过程，可供学生实时观看和课后复习。

（2）临床治疗

为了在实际临床操作中提高成功率、减少失误且缩短必要操作时间等，医患双方存在的巨大共识，就是精密仪器等必要手段的引入。所以，在术前准备和术中辅助中运用VR，是有很大价值的。如图6-15所示，加利福尼亚大学洛杉矶分校的神经外科教授内尔·马丁医生使用Surgical Theater公司所研发的技术，戴上VR头显，观察病人大脑的内部。VR能够180°，甚至360°了解解剖学情况，在10～15分钟内，医生就能了解到可能会遇到的关键问题。

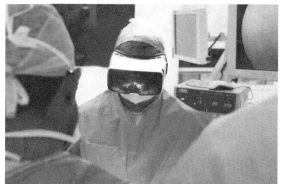

图6-14　医疗教育　　　　　　　　　　　图6-15　临床治疗

（3）生理治疗

VR技术在生理治疗方面最常见的应用是运动损伤的康复和脑部中风后的康复，近期在改善弱势、治疗PTSD（创伤后精神紧张性障碍）等新兴医疗场景下进展也相当快。图6-16所示的场景是一款专门用来治疗视力问题的VR应用，为患有斜视或弱视的患者提供VR视力治疗。

（4）辅助治疗

有外科医生在外科手术中引入VR技术辅助手术，可减轻患者的疼痛；由于减少镇静类

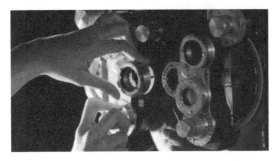

图6-16　生理治疗

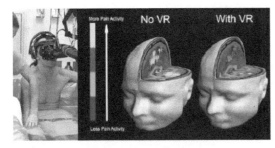

图6-17　辅助治疗

图6-18　冥想治疗

药物，如芬太尼和咪达唑仑这些昂贵药物的使用，大大降低了手术费用，还减少了并发症的产生。图6-17展示VR＋医疗的"疼痛释缓项目"，旨在为急性和慢性疼痛患者带去福祉。患者将被从现实场景中带入各种创建好的三维虚拟场景，通过注视和点击与场景中物体产生互动。整个体验流程建立在沉浸理论基础上，包括想象力、感官和行为沉浸，通过场景和内容的精心设计，保证各类患者获取到场景之间无压力、无挫折的交互式体验，起到分散意焦、减轻疼痛、辅助治疗的作用。

（5）冥想治疗

冥想式治疗的应用场景越来越广泛，比如病人在运动康复时，VR可以创建一个安全的治疗环境，让病人去体验外面世界有障碍的地方，让他可以做一些比较真实的动作，使训练更加有趣。VR的嵌入在安全性、趣味性以及相关体征、数据实时收集反馈等层面存在很大价值。

另外，VR在心理治疗方面的应用需求也很大，应用主要有自我接纳、焦虑症、恐惧症、精神分裂症等。VR可以帮助有心理障碍的人创建各种场景，如图6-18所示，通过模拟极端情境，从而带来超刺激的恐怖体验，诱发患者的奇怪症状，并借机引导他们逐步适应环境，从而能够帮助患者实现一些特殊的刺激来达到治疗的效果。

（6）远程医疗

远程医疗服务也是一个很有潜力的应用领域，例如在偏远山区，通过远程医疗VR系统，人们可以不用进城也能接受名医的治疗，对于危急病人还可以实施远程手术；在战场上，可以通过VR系统对前线的危急伤员进行远程手术，以得到及时的抢救。在远程手术系统中，如图6-19所示，医生对虚拟病人模型进行手术，她的动作过程通过高速网络（或卫星）传送到遥远外的手术机器人。手术的实际图像通过机器人上的摄像头传回给医生的HMD，并将其和虚拟病人模型叠加，为医生提供有用的信息。

6.2.4　军民两用

军事领域是VR技术应用最为广泛的领域之一。近几年VR技术的快速发展，在经济、社会等很多领域都得到了进一步的应用，在军事领域更展现出了巨大的应用价值。下面从

VR视角，全方位体验其在军事领域的应用和解决方案。

（1）军事仿真虚拟训练系统

图6-20展示了第7次美军多国联合训练总部的DSTS（Dismounted Soldier Training System）系统，图中是荷兰士兵。DSTS是一个全身式的VR系统，它可以让士兵在虚拟世界里训练战术和团队作战能力。该套系统由Intelligent Decisions公司开发，其图像开发用的是CryEngine游戏引擎，处理性能则来自背包式电脑，而头显其实并不是头显，而是做在头盔里的，耳机也是如此；身体的运动和位置追踪，使用的则是穿戴式的惯性传感器。军用系统要求DSTS能够在世界各地运行，适应当地的电网和无线网络；士兵负重不能超过164lb（磅），意味着重量上的控制；所有部件包装起来不能占据超过100ft^2（平方英尺）的空间等，类似的要求多达1013条。

随着民用VR技术的发展，它们已经达到甚至赶超军用系统的水平。比如，惯性动捕可以用YEI的PrioVR追踪系统，或者是诺亦腾Perception Neuron解决方案；头显可以用Oculus Rift、HTC Vive，或者是众多的国产头盔；室内定位有Valve开发的LightHouse，以及很多商用解决方案用的摄像头光学追踪。

图6-19　远程医疗

图6-20　DSTS系统

（2）装备制造业

装备制造业VR技术的应用案例不断涌现，应用模式和路径进一步成熟。在研发环节，VR技术可以展现产品的立体面貌，使研发人员能够全方位构思产品的外形、结构、模具及零部件使用方案。飞机、汽车等大型装备产品的研制过程中，运用VR技术，能大幅提升对空气动力学的把握和产品性能的精准度。

波音公司将VR技术应用于777型和787型飞机的设计上，通过VR的投射和动作捕捉技术，完成了对飞机外形、结构、性能的设计，所得到的方案与实际飞机的偏差小于千分之一英寸。据统计，采用VR技术设计的波音777飞机，设计错误修改量减少90%，研发周期缩短50%，成本降低60%。

在装配环节，VR技术目前主要应用于精密加工和大型装备产品制造领域，通过高精度设备、精密测量、精密伺服系统与VR技术的协同，能够实现细致均匀的工件材质、恒温恒湿洁净防震的加工环境，以及系统误差和随机误差极低的加工系统间的精准配合，从而提高装备效率和质量。

如图6-21所示，中国一拖集团有限公司应用本土企业曼恒数字研发的"数字化虚拟现

图6-21　装备制造业

实显示系统"，打造出虚拟装配车间，可实现360°内部全景漫游，既能多角度观察每个装配工位，又能精准跟踪装配工件的生产工艺流程，为我国大型农业装备制造行业发展注入了新鲜血液和强大力量。

在检修环节，VR技术应用于复杂系统的检修工作中，能够实现从出厂前到销售后的全流程检测，并突破空间限制，缩短时间需要，提高服务效率，拓展服务内容，提升服务质量，将制造业服务化推向新的阶段。

（3）模拟演化

通过VR技术构建和选择三维实战环境，逼真地模拟实车、实兵、实人，渲染出生动的视觉、听觉和触觉效果，使士兵像在野外参加实战一样，在室内感受"真实"的战场对抗场面，熟悉作战区域的情况，操练战术动作，从而能在危险小、耗资低、有趣生动的训练环境中，锻炼和提高实际战术水平以及临场快速反应、心理承受和战场生存等能力，增强作战技能和训练效率，也能有效减少人员、物资的损耗，以及突破危险及真实环境的限制。

同样，在民用领域，通过电脑输入有关项目的污染物种类、排放浓度、排放量等因子，借助于VR技术，描绘出未来真实的图景，为项目设施建设提供参考的依据，避免造成现实的环境危害。对于一些不易体现的生态危害，也可根据虚拟空间时间的推移累积结果而产生的切换图像、过程的叠积演化，反映出环境变化的经历和危害程度，这和气象卫星云图指示出的未来天气变化相似，通过虚拟网络技术，形象生动地体验环境质量变化状况，为现实环境危害的消除提供借鉴。

通过对遥感影像的光谱分析，环境规划人员可以准确实时地获得所需的地形、地质、水文和气象等资料，建立起环境数据库与模型库。通过环境数据库提供的环境定量数据，分析区域环境的变化过程，再以环境数学模型为基础，对海量环境信息进行分析和处理，并给出决策级的辅助信息，使环境规划的决策过程更加直观和高效。如图6-22所示，VR技术通过提供逼真、具有可交互性的多维度可视环境，能够更好地展示环境监测、生态修复等过程，以方便人们对方案进行选择和评估。如在生态环境修复中，利用VR技术将视野从二维平面上升到三维立体空间，采用已获取的基础数据，针对工程项目建立三维、动态、实时、可视的虚拟仿真环境，相关部门可以在决策阶段或建设的前期就能预测工程项目存在的问题，并及时加以纠正。

如图6-23所示，利用VR技术构造虚拟的各种拟建设的太阳能建筑工程，为国内和国际已建设或正在建设的各

图6-22　节能减排

种太阳能建筑工程设计建立多种层次、细节丰富的虚拟模型，配以相关的图片、文字、声音，真实模拟施工过程和呈现工程竣工后的情况，展示周边环境、固定设备的配套情况，体验空间对人身的尺度感，为工程设计者、决策者提供可靠依据，既有助于缩短设计周期，提高设计质量，还便于工程规划、设计审批和施工。

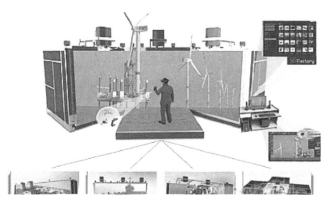

图6-23　太阳能建筑工程

基于现实困境以及加强企业竞争力的急迫需求，沉浸式仿真系统应运而生。对于原本极易出现故障的电力设备，如变电站等，在进行操控与维护的实物培训与教学中，采用常规手段很难发挥效果，甚至存在一定的缺陷和危险性。如图6-24所示，通过仿真实验、三维模型、虚拟触控、3D实景操作等一系列技术，解决电力维护人员的施工安全问题，也让培训环境生动化、可控化，改善传统的培训环境，彻底激发员工的受训热情。

图6-24　电力系统

综上所述，VR技术在军民两用领域具有广阔的应用前景，可以为宏观决策和微观管理提供快速、系统、准确的信息和技术支持，将大大提高各项工作的能力和水平。

第7章

虚拟现实与增强现实的关系

7.1 虚拟现实和增强现实的差异

虚拟现实和增强现实这两个概念反映的都是人的精神世界（Mental World），真实世界（Physical World）和虚拟世界（Cyber World）之间的关系既有关联，又有区别。

7.1.1 概念上的差别

VR是指采用计算机技术为核心的现代高科技手段生成一种虚拟环境，用户借助特殊的输入/输出设备，与虚拟世界中的物体进行自然的交互，从而通过视觉、听觉和触觉等获得与真实世界相同的感受。即VR是以沉浸性、交互性和构想性为基本特征的计算机高级人机界面，综合利用了计算机图形学、仿真技术、多媒体技术、人工智能技术、计算机网络技术、并行处理技术和多传感器技术，模拟人的视觉、听觉、触觉等感觉器官功能，使人能够沉浸在计算机生成的虚拟境界中，并能够通过语言、手势等自然的方式与之进行实时交互，创建了一种适人化的多维信息空间。图7-1表示了VR技术基本原理。VR概念具有如下特点：

① 虚拟世界在创立的时候，可以参考真实世界中的物理和文化；

② 在实际应用的时候，合成的虚拟世界和人的精神世界发生作用，人感受到的都是虚拟世界，真实世界不和虚拟世界以及精神世界发生任何关系。

换言之，VR就是用电脑创建一个三维的虚拟世界，用户可以通过辅助手段沉浸入其中，并和这个虚拟世界发生交互。但是这个虚拟世界往往是不存在的，而是虚拟创造出来的。在这个场景中发生的事情，是不会和真实世界发生关联的。所以VR技术的典型应用场景是沉浸式的游戏或电影。

AR是一种利用计算机系统产生三维信息来增强用户对现实世界感知的新技术。一般认为，AR技术的出现源于VR技术的发展，但两者存在明显的差别。传统VR技术给予用户一种在虚拟世界中完全沉浸的效果，是另外创造一个世界；而AR技术能够把虚拟信息（物

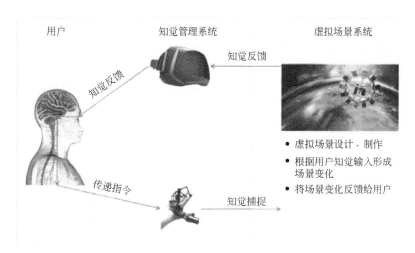

图7-1　VR技术基本原理

体、图片、视频、声音等）融合在现实环境中，把计算机带入到用户的真实世界中，通过听、看、摸、闻虚拟信息，来增强对现实世界的感知，实现了从"人去适应机器"到技术"以人为本"的转变。图7-2表示了增强现实的概念图。VR与AR在交互界面及其以下的部分完全相同，也就是说，它们的共同点都是精神世界通过人机交互设备感知外部世界（虚拟世界和真实世界），并对外部世界的刺激产生反映。两者的区别在于交互界面以上，也就是说真实世界和虚拟世界之间的关系，以及真实世界和虚拟世界作用于交互界面的方式决定了两个概念的不同。表7-1展示了VR与AR和真实世界与虚拟世界之间的关系。

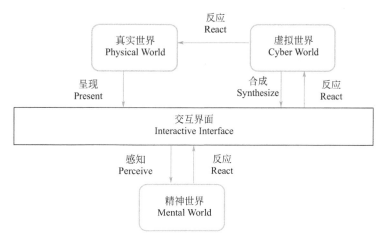

图7-2　增强现实的概念图

表7-1　VR与AR和真实世界与虚拟世界之间的关系

世界之间的关系	VR	AR
真实世界与虚拟世界（构建阶段）	虚拟世界参考真实的物理与文化构建；虚拟世界可以是现实中完全不存在的	虚拟世界的构建与应用场景中的真实世界无关
真实世界与虚拟世界（使用阶段）	真实世界不存在	真实世界影响虚拟世界；虚拟世界不影响真实世界

续表

世界之间的关系	VR	AR
虚拟世界与精神世界	用户沉浸在人工合成的虚拟世界，并对虚拟世界产生反应	人工合成的虚拟世界叠加在真实世界上呈现给用户；用户可以操控虚拟世界
真实世界与精神世界	无关	真实世界直接呈现给用户；用户无法和操控真实世界

增强现实概念具有下述特点：

① 虚拟世界的创立，是和应用场景下的真实世界无关的；

② 在实际应用的时候，真实世界和虚拟世界同时和人的精神世界发生作用，人可以通过交互界面控制虚拟世界，虚拟世界会对真实世界产生反应，但是真实世界不需要感知到虚拟世界的存在。

AR技术有多种方式可以实现真实世界与虚拟内容之间的交互。比如，依赖预先确定的物理标记，来让计算机视觉系统获得它在可视3D空间中的方位，图7-3（a）展示了使用打印标记（Printed Marker）的AR案例。也存在不需要做特定标记（Mark）的AR系统，图7-3（b）展示了一种无标记AR系统（Markerless System），该系统根据当前智能手机的位置（GPS）、视野朝向（指南针）及手机朝向（方向传感器/陀螺仪），在实景中（摄像头）投射出相关信息并在显示设备（屏幕）里展示。

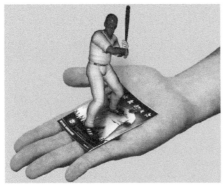 

(a)使用标记控制   (b)无标记控制

图7-3　AR案例

7.1.2　VR与AR对比分析

（1）侧重点不同

VR强调用户在虚拟环境中视觉、听觉、触觉等感官的完全浸没，强调将用户的感官与现实世界绝缘而沉浸在一个完全由计算机所控制的信息空间之中。图7-4展示了VR与周围环境交互的一个案例：图7-4（a）表示未戴上VR头显时，用户与周边环境融为一体；图7-4（b）表示戴上VR头显后，用户将被从现实环境中剥离出去。由此可知，VR强调的是重度体验，并不寻求与周边环境有重度交互。

(a)未戴头显前   (b)戴上头显后

图7-4　VR与周围环境的交互

AR不仅不隔离周围的现实环境，而且强调用户在现实世界的存在性，并努力维持其感官效果的不变性。如图7-3所示的两个AR系统的案例表明，AR致力于将计算机产生的虚拟环境与真实环境融为一体，从而增强用户对真实环境的理解。

总的来说，VR是再造一个新世界，AR是增强现有世界，两者都是人机交互发展的新方向，各有优势，各有侧重。

（2）技术不同

VR侧重于创作出一个虚拟场景，供人体验。AR强调复原人类的视觉的功能，比如自动识别跟踪物体，而不是手动指出；自动跟踪并且对周围真实场景进行3D建模，而不是照着场景做一个极为相似的。表7-2列举了VR与AR涉及的相关技术。由该表可知，两者在底层技术上是共通的，如头显（头盔）、交互、手势识别、位置跟踪等，但越是向应用层面发展，区别越明显。AR技术与人工智能AI技术一起构成了大数据的出口，是把无数的虚拟信息叠加到真实环境中，让用户能够识别现实中的万物，便于操作现实中的万物。

表7-2　VR/AR涉及的相关技术

技术	用途	领域
视觉角度	广角宽视野立体显示技术	VR/AR
追踪技术	对观察者头、眼、手等部位的跟踪技术	VR/AR
反馈系统	触觉/力觉反馈技术	VR/AR
声音系统	立体声	VR/AR
显示技术	三维/二维（显示屏显示/投影显示）	AR
网络系统	高速网络传输，通常>4M/s	AR
输入系统	语音输入输出技术	AR
Big data	数据快速处理	AR
图像显示	实时三维图形计算机处理技术	AR
扫描系统	扫描现实中的实物	AR
识别系统	根据实物进行识别	AR
虚实结合技术	把现实物体和虚拟物体相结合	AR

（3）交互不同

由图7-5所知，VR通常需要借助能够将用户视觉与现实环境隔离的显示设备，一般采用沉浸式头盔显示器。因为VR是纯虚拟场景，所以VR装备更多的是用于用户与虚拟场景的互动交互，更多的使用是位置跟踪器、数据手套、动捕系统、数据头盔等。

AR
在现实中实现虚实融合、信息增强

共同点：都是通过计算机技术构建三维场景并借助特定设备让用户感知，并支持交互操作

VR
沉浸式虚拟世界

光学+渲染

- 视觉呈现方式：在人眼与现实世界连接的基础上，叠加全息影像，加强其视觉呈现的方式。

真实　虚拟
MR
=真实世界+虚拟世界+数字化信息

渲染为主

- 视觉呈现方式：将人眼与现实世界隔离，并通过VR设备实时渲染的画面，创造出全新的世界。

谷歌
google glass

微软
HoloLens

Vuzix
Vuzix M100

Facebook
Oculus

HTC
HTC Vive

索尼
PlayStation VR

图7-5　VR与AR设备的对比

由于AR是现实场景和虚拟场景的结合，需要借助能够将虚拟环境与真实环境融合的显示设备。AR技术的应用产品形态主要集中于智能眼镜、智能头戴式设备等，比如HoloLens、Meta2、Project Tango等，为用户提供一种全新的视觉呈现方式，联动人眼与现实世界，叠加业务数据影像，加强其视觉呈现的方式。AR系统可以立即识别出人们看到的事物，并且检索和显示与该景象相关的数据。

（4）应用区别

VR强调用户在虚拟环境中的视觉、听觉、触觉等感官的完全浸没，能够让观众沉浸到另一世界并与之互动的能力。对于人的感官来说，它是真实存在的，而对于所构造的物体来说，它又是不存在的。因此，利用这一技术能模仿许多高成本的、危险的真实环境。当前VR的主要应用在虚拟教育、数据和模型的可视化、军事仿真训练、工程设计、城市规划、娱乐和艺术等方面。未来VR将会取代电视，进入到大众生活中。例如，用户回到家里，坐在客厅打开电视，搜索到喜欢的娱乐视频，接下来通过VR头显，用户可沉浸到另一世界并与之互动。因此，VR成为娱乐和教育的最佳形式。以Oculus Rift为例，需要一台高端的PC来驱动，虽然能够进行位置追踪，但是由于带着线缆，所以用户能够移动的范围较小，其使用场景更类似于电视——好看，但是没有移动性。当然，移动端VR也已经兴起，Gear VR、谷歌Daydream等平台，只需要一台合适的手机就能运行。即便有这些移动设备，也很难想象会有人在公共场合将VR头显戴到脑袋上。

AR并非以虚拟世界代替真实世界，而是利用附加信息去增强使用者对真实世界的感官认识。AR技术被打造成融入大众生活一部分，从视觉开始加强用户日常生活的体验。定位功能对于移动设备来说非常重要，正是这个功能成就了移动AR应用。Pokémon Go游戏令AR为大众熟知，但其实还有不少相当广泛的AR应用。例如帮助用户找到自己车子的Augmented Car Finder，在社交方面则有Snapchat变化多端的滤镜，让用户着迷不已。上述这些应用的成功，在于它们能够无缝地融入到大众的生活中。AR将会像移动设备一样，成为大众生活的一部分。

从应用形式上来看，AR就是未来的手机。移动设备的下一步，必然是从知道用户的位置，进化到知道用户所看到的是什么，从根据用户的位置来提供数据和服务，到基于用户所看到的内容。AR技术目前在不同领域均有应用，主要可分为行业应用、商业应用、消费级应用。从应用场景来看，商品广告、幼儿教育是当前比较热门的场景，参阅表7-3。

表7-3　AR行业的应用

应用领域	行业应用	商业应用	消费级应用
应用场景	工业仿真维修、电视节目制作、项目展示、游乐园互动	商品广告、商品展示、商品试用	儿童教育、生活服务导航、位置社交等
代表性软件	"Liver Explorer""MARTA系统""MiRA应用"	"优衣库Magic Mirror""宜家Ikea Catalog"	"随便走""星途Star Walk""Junaio（魔眼）"
代表公司	0glass（原青橙视界）、触角科技、尤码互动、投石科技等	Blippar、摩艾客	摩艾客、迪士尼

7.2　增强现实的代表产品

HoloLens、Meta2和Project Tango为业内公认的全球三大AR头显。下面分别进行介绍。

7.2.1　HoloLens

（1）HoloLens介绍

HoloLens是一款可穿戴式AR计算设备（图7-6），它拥有几个关键要素。

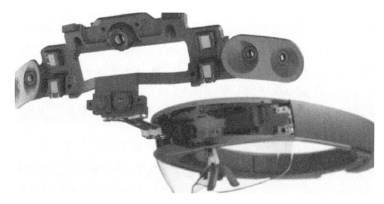

图7-6　HoloLens设备图

① 它是AR产品，AR技术将计算机生成的图像与真实世界叠加。类似的产品有图像投射到视网膜上的谷歌眼镜，以及叠加在手机摄像头画面上的手机AR应用。

② 它拥有独立的计算单元，自带CPU、GPU和HPU（Holographic Processing Unit，即全息处理单元），不需要外接任何设备。它的CPU和GPU是基于英特尔14nm工艺的Cherry Trail芯片，HPU是一块ASIC（Application-Specific Integrated Circuit），是微软为HoloLens定制的集成电路。

VR的特点是让参与者置身于计算机生成的三维图像世界中，淡化真实的世界。VR近期的代表产品是Oculus Rift，戴上Rift后用户是看不到真实世界的。VR最大的问题是：这个虚拟世界很真实、很精彩，但是有什么用呢？也就是说VR只能做到更逼真的三维世界，它无法帮助人们更好地理解真实世界。与VR设备相比，HoloLens具备如下能力：

● 三维感知能力，可以对身边的三维场景进行建模，而VR设备只能看到RGB像素值；

● 三维渲染能力；

● 人机交互能力，HoloLens可以用手势进行控制。

图7-7　3D小熊的AR效果图

常见的AR应用是基于摄像头的，包括了基于黑白标记图片的AR以及基于任意图片的AR，比如3D小熊就是基于AR的应用（图7-7）。但是这些应用只能检测到图片所在的平面。HoloLens的厉害之处是能检测到各个角度的三维场景。

微软将HoloLens带来的体验描述成"最先进的全息电脑世界"，即是一款独立的计算机设备，内置了包括CPU、GPU和一个专门的全息处理器。这款头戴装置在黑色的镜片上包含了透明显示屏，并且立体音效系统让用户不仅看到、同时也能听到来自周围全息景象中的声音，同时HoloLens也内置了一整套传感器来实现各种功能。2016年8月，微软发布了HoloLens的开发版本。

（2）HoloLens背后的技术

要想实现AR，必须先理解现实。对HoloLens而言，现实就是传感器的数据。HoloLens的传感器是摄像头，并且是具有深度感知信息的摄像头。借鉴微软体感交互设备Kinect的成功经验，HoloLens中也内嵌了一台Kinect。从图7-6可知，它拥有4个摄像头，左右两边各2个。通过对这4个摄像头的实时画面进行分析，HoloLens可覆盖的水平视角和垂直视角都达到120°（HoloLens实际单眼市场角只有35°），它采用的是立体视觉技术（Stereo Vision）来获取事物的深度图（Depth Map）。下面参照OpenCV文档介绍摄像头如何获取深度图的信息，其基本步骤如下。

① 摄像头校正（Undistortion）　由于摄像头的镜片出厂时都存在扭曲，为了得到精确的数据，需要在使用前进行校正。常用的方法是基于棋盘的各个姿态拍几次，然后计算相机的矩阵参数。

② 图像对齐（Rectification）　因为每个摄像头的位置不同，因此它们各自看到的场景是

有偏差的，左边的摄像头能看到最左的场景，右边的摄像头能看到最右的场景，图像对齐的目的是得到相同的场景部分。

③ 左右图像匹配（Correspondence） 在OpenCV中可以使用StereoBM得到Disparity Map。

④ 通过重映射函数，比如"cv :: reprojectImageTo3D"，得到一张深度图。

（3）通过多张深度图重建三维场景

只有一张深度图是不够的，它只是某一时刻真实场景在摄像头中的映射。要想得到完整的三维场景，需要分析一系列的深度图。在获得多张深度图后，HoloLens应用SLAM（Simultaneous Localization And Mapping，同步定位与地图创建）算法重建三维场景。该算法被广泛应用于机器人、无人汽车、无人飞行器的定位与寻路系统。解决的是非常哲学的问题：

- 我现在在哪里？
- 我可以去哪里？

SLAM有很多实现方式，微软围绕着Kinect的深度图数据，发明了Kinect Fushion算法。下面介绍该算法是如何通过多张深度图重建三维场景，从而讲解HoloLens的技术原理。Kinect Fusion通过在室内移动Kinect设备，获取不同角度的深度图，实时迭代，对不同的深度图进行累积，计算出精确的房间以及房间内物体的三维模型。它分为4个阶段。

① 深度图格式转换，转化后的深度单位是米，用浮点数保存，并计算顶点坐标和表面的法向量。

② 计算世界坐标系下的摄像头姿态（包含位置和朝向），通过迭代的对齐算法跟踪这两个值，这样系统总是知道当前摄像头与最初姿态相比变化了多少。

③ 将姿态已知情况下的深度数据融合到单个三维乐高空间，也称为MineCraft空间，这个空间的基本元素不是三角形，而是方格子。在HoloLens演示视频中出现MineCraft场景估计也和这个阶段有关。

④ 基于Raycasting的三维渲染，Raycasting需要从当前的相机位置发出射线，与三维空间求交集。乐高空间特别适合Raycasting，可以用八叉树来加速射线的求交算法。Raycasting、Raytracing以及Rasterization是三种常见的渲染方式，这里就不展开讲解了。

在HoloLens的应用中其实只需要运行到第三步，即获取三维乐高模型就可以了，第四步并不是必需的。因为HoloLens的屏幕是透明的，不需要再把房屋的模型渲染一遍，自带的眼睛已经渲染了一遍。

（4）HoloLens的应用场景

根据官方Demo中的场景，其SDK基本功能至少有：

① 摄像头看到的图像，即当前场景的色彩缓冲（Color Buffer）；

② 当前场景的深度图，Depth Map或z Buffer；

③ SLAM合成后的三维场景，这个场景所在的空间暂且称为Holo Space，它可能是以乐高方块的形式表示，也可能是用三角形来表示；

④ HoloLens设备在Holo Space中的坐标（x，y，z）、朝向（tx，ty，tz）；

⑤ 手势识别的结果，类似HRESULT OnGestureDetected（DWORD dwHandId，DWORD dwEventId，LPVOID lpUserInfo）的样子；

⑥ 语音识别的结果，类似HRESULT OnVoiceRecognized（std :: string& strSentence，

FLOAT confidence）的样子。

同样，根据官方Demo，HoloLens应用可以分为三种。

● 伪全息的传统应用　可以认为是普通的Windows程序贴在虚拟的墙面上，没有用到全部的三维重建功能。

● 针对HoloLens特别优化过的应用　用到了部分三维重建的功能，并且在应用中采用了实时的三维渲染。

● 沉浸式的全息游戏　这种类型的应用能够完全发挥出HoloLens的特性，虚拟的三维世界与真实的视觉完美结合。

通过了解这些应用的开发方式，可以进一步了解HoloLens的技术原理。在这三种应用中，选取第一种"伪全息的传统应用"来详细讲解其开发方式。这种应用对于传统开发者而言最容易上手，几乎不需要修改代码，自然也不需要拥有3D图形学的知识。大部分人会从这种应用入手开始HoloLens应用的开发。

如果不需要3D知识就能实现3D的界面，那么3D效果是如何生成呢？在Windows 10引入全息窗口管理器——explorer3d.exe。在常见的Windows系统中看到的"桌面"是窗口管理器（explorer.exe）的一部分，将"桌面"想象成三维就行。技术上实现起来相当困难，譬如以视频播放器为例，播放器并不会直接将视频画面显示到桌面上，而是先到一个缓存区域，经过一系列步骤后，窗口管理器再将画面以"2D的方式拷贝"到能被用户看到的地方。而全息窗口管理器用的是"3D的方式"，也就是在初始化应用的时候：

① 创建一个3D的矩形来表示3D窗口，保存在顶点缓存vertex buffer（可以认为是放在显卡上的数组）；

② 创建一个贴图Texture（可以认为是放在显卡上的图片）；

③ 创建表示窗口平移、旋转、拉伸值的local_matrix（这里的"matrix"是数学中的矩阵概念）。

在应用运行时：

① 如果需要在Holo Space中移动窗口，那么修改local_matrix中的平移值，功能与窗口管理器中的移动窗口类似，但是除了上下（y轴方向）、左右（x轴方向）移动外，还可以前后（z轴方向）移动；

② 如果需要在Holo Space中旋转窗口，那么修改local_matrix中的旋转值，窗口管理器中没有类似的功能；

③ 如果需要在Holo Space中缩放，那么修改local_matrix中的缩放值，功能与窗口管理器中按住窗口边缘拖拉改变大小一致；

④ 如果视频内容需要更新，那么更新Texture为最新的内容，只有这么做才能看到会动的视频。

在应用退出时，释放DirectD的资源，由全息窗口管理器来负责。

7.2.2　Meta2

全球三大AR头显的成像原理并不相同：HoloLens是微型投影机；Meta是光学镜片反射；MagicLeap则采用的是视网膜投影。作为成立于2012年的AR创新科技公司，尽管在知名度上不及Magic Leap、微软，但继2015年1月获得2300万美元A轮投资，2016年6月又完成5000万美元B轮融资之后，Meta的行业地位如日中天。与AR/VR领域的其他公司不同，Meta从一开始就选择了一条特立独行的道路——"垂直整合"，他们在机器视觉、机器学习以及基于神经网络的人工智能等方面具有很强的开发能力，并将这样的开发能力顺势延伸到硬件上面。

Meta2是Meta公司推出的第二代AR开发套件（图7-8），能让一幅幅清晰又明亮的AR图像浮动在用户眼前。该设备利用双目视差可以产生开发者想要的3D效果。通过对现实场景的探测并补充信息，佩戴者会得到现实世界无法快速得到的信息；而且由于交互方式更加自然，这些虚拟物品也更加真实。

(a)头显正面　　　　　　　　　　　　　　　(b)头显侧面

图7-8　Meta2不同视角效果图

Meta2的参数配置如下：
- FOV达到90°；
- 包含Meta 2 SDK；
- 分辨率达到2K水平（2560×1440）；
- 4个近耳的扬声音响系统；
- 支持裸手抓取、位置跟踪；
- 720P前置摄像头；
- Meta自带操作系统。

值得注意的是，这是一台需要连接电脑的AR眼镜，不过它需要用线连接搭载Win8或Win10的电脑才能使用，未来还会加入Mac的支持。相比之下，HoloLens是款无线产品，可以独立运行App。产品提供9英尺的电线，用于传输视频、数据、电源，接口支持HDMI Version 1.4b或DisplayPort。

与前代单眼960×540以及微不足道的36°视场角相比，Meta2的视场角和分辨率明显提高了很多，它拥有2560×1440（单眼1280×1440）的投射屏幕分辨率，相比上一代有很大提升；90°的半透明视野，比HoloLens的视场角要大。图7-9展示了小FOV与Meta2的90°视野对比，它的视场角有了很大进步，极大地提升了设备的沉浸感和使用体验。Meta2的镜片方案需要屏幕本身的面积较大，经过一个曲面半反射屏反射到眼球，随之可以获得一定的视角扩展，从而达到90°的FOV。对比而言，三星Gear VR的FOV是98°，基于PC的主流VR头盔的FOV可达110°。用户在使用Meta2时可以佩戴原有的眼镜，镜片内有足够大的空间。Meta2装有位置追踪传感器和一个720P的前置摄像头，用户可以追踪人的手势。从各种

Demo 来看，能够做到抓取、拖拽并移动全息图像（图7-10）；还有追踪功能，可以支持手之外的物体，比如用一支笔在空中操作。

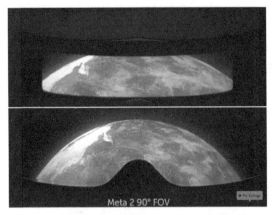

图7-9　小FOV和Meta2的90°FOV对比效果图　　　　　图7-10　手势追踪演示的案例

与HUD那种直接反射显示屏幕2D信息不一样，HoloLens和Meta 2是立体成像，所以人们会把它唤作"全息投影"来描述自己看到的，而实际上，这些"全息"信息都需要介质即镜片的帮助，因此，这并不是全息投影。Meta2采用的显示技术，将智能手机屏幕置于塑料罩之上，以塑料罩为反射媒介，将光从屏幕反射进用户的眼睛内。眼前的塑料罩不会碰到用户的脸，头显的重量集中在头顶，相当舒适。在其内部，塑料罩呈凹形，以便将智能手机显示图像的一半反射到用户的左眼，另一半反射到右眼。这些凹形部分使用了一种含少量银的涂层，它能反射从智能手机屏幕来的图像，也能让外部的光线穿透进来，营造了一个并不完全与世隔绝的透明环境。

Meta2目前的一大应用是办公，可以直接运行Windows应用，目前支持的软件有微软Office、Adobe Creative Suite和Spotify，还将支持Mac系统。用户可以同时打开几个App来回切换，就像面前有多个屏幕一样。此外，当用户摘掉眼镜时，办公应用会自动保存，再次佩戴后仍然可以找到之前的内容。

当然，它也提供了开发者套件，开发者可以通过Unity和C#来创建相关内容。官方提供的SDK包括SLAM算法、手势识别算法、Occlusion（遮挡）算法、Neurointerface（一种神经网络连接方式）设计指南、演示例子代码、App、文档和技术支持。

7.2.3　Project Tango

Project Tango是谷歌先进技术与项目部门孵化的一个项目。从硬件上看，Tango经历3个发展阶段（图7-11）。虽然目前支持Tango的仅有若干款硬件设备，但谷歌希望通过它来引领未来智能移动设备发展的一些标准。

（1）Peanut原型手机

2014年2月，谷歌独立发布了一款Android手机原型机，配备了一系列摄像头、传感器和芯片，能实时为用户周围的环境进行3D建模。该款样机的组成部分包括背面从左往右的几个重要光学器件，依次为IR（Infrared，红外）红外相机、RGB相机，再跨过5cm左右距离，有一个IR Projector（投影机）与180°的定制鱼眼相机（图7-12）。

(a)2014Q1 Peanut原型机

(b)2014Q3Yellowstone平板

(c)2016Q3联想Phab2和
2017Q1华硕ZenFone手机

图7-11 Project Tango的设备演化

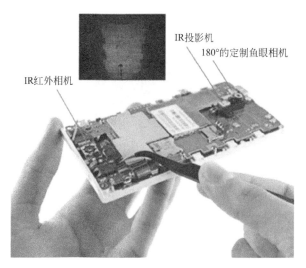

IR投影机

180°的定制鱼眼相机

IR红外相机

两块Movidius Myraid1 VPU芯片

PrimeSense PS×1200 SOC芯片

Invensense 9-axls IMU

图7-12 Peanut样机的组成部分

从实验看，IR Projector投射到墙上的红外光斑纹理与Kinect所投射的类似。主板上的PrimeSense的PSK1200 SOC芯片表明该相机的深度信息使用了Kinect授权的structured light技术。但在2013年年底，PrimeSense就已被苹果公司收购了，因此Peanut手机并没有被大规模公开销售，很快就升级为第二款的Yellowstone平板。该款样机的CPU采用高通骁龙800，安装了两块Movidius公司（被Intel收购）的Myraid 1 VPU芯片，专门用来作视觉算法处理的DSP，功耗很低，可以将一些高频次的计算从CPU上卸载到周边。举个例子，计算量非常高的SIFT或者SUFT算子，是SLAM中非常重要的计算单元，也是占用计算资源最多的部分。有了这两个芯片，SLAM就可以以很低的负载在CPU上运行。值得一提的是，还装有两个IMU，一个是苹果御用的Invensense，另一个为Bosch的型号。

（2）Yellowstone Tablet

Yellowstone平板尺寸为7英寸，曾经于2015年在Tango的官网上进行销售。

如图7-13所示，摄像头模组从左到右依次是RGB相机、IR相机、鱼眼相机和红外Projector。红外Projector换成了Mantis Vision的模组，这款深度相机的质量不太理想，深度点非常分散。主CPU换成了能力更强、功耗也更高的Nvidia K1，该芯片携带了当时移动领域性能最好的GPU。Nvidia甚至为该芯片推出了一个专门优化的OpenCv版本，至今仍有很多计算机视觉硬件项目使用该处理器。另外，一块STM32是特殊为Tango添加的芯片，主要功能是将不同的传感器加入硬件时间邮戳，精度可以达到50μs。

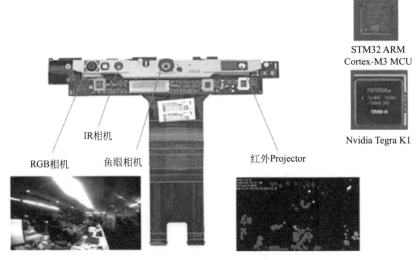

STM32 ARM
Cortex-M3 MCU

Nvidia Tegra K1

IR相机

RGB相机   鱼眼相机   红外Projector

图7-13   Yellowstone的组成部分

（3）联想的Phab 2 Pro手机

在2016年1月的CES上，谷歌与联想联合推出第一款针对消费者的Tango设备——6英寸的智能手机。

Phab 2 Pro使用的高通骁龙652，是专门为Tango定制的。如图7-14所示，该设备的输入源仍然有高频率的IMU数据、鱼眼相机数据流、RGB相机数据流和TOF深度数据流。深度相机换成了TOF传感器，相比前一代深度信息的质量有明显的提升。这些传感器全部接入到高通，并且在内部实现了一个硬件时间戳同步机制，达到了50μs的精度。另外，还内置

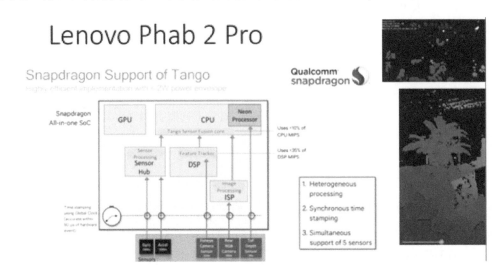

图7-14   Lenovo Phab 2 Pro的组成部分

一个DSP，专门实现特征追踪。而在CPU上实际运行的是Tango的传感器融合核心程序，仅占10%的CPU负荷。Tango的异构计算设计策略如下：特征追踪在DSP或GPU中实现；而融合核心算法在CPU中实现。可以看到，高通为了Tango专门定制的这枚芯片基本实现了一块SOC芯片完成所有需求。同时，Movidius协处理器不见了，负责硬件时间戳的STM32也不见了。

图7-15　火星探索车的硬件组成

软件上，Tango第一次实现了接近实用的视觉惯性里程计（Visual Inertial Odometry，VIO）。之前该算法都只能使用在实验室环境和特定观景中，如火星探索车等。除了如图7-15所示的硬件配置外，也用了不少特定的软件设计来支持VIO功能，比如为了快速提取环境特征点，使用GPU加速来提取Freak特征点。

Tango的强大在于服务于环境感知的SDK，其核心是三大组件。

① 运动跟踪（Motion Tracking），Tango通过传感器感知自身的6自由度信息，这部分是三大组件的核心功能。具体讲，使用视觉+惯性器件，实现了VIO（visual-inertial odometry）算法，下面会进一步介绍。

② 深度感知（Depth Perception），主要是通过Tango搭载的深度传感器的原始数据生成点云，服务于一些3D建模的应用。

③ 区域建模（Area Learning），可以认为是在运动追踪基础上的一个增强。它可以将之前走过的路径记录下来，同时生成空间中的3D标识点（landmark），这些信息可以用于下一次开机之后的重定位。该功能用户可以在已经建模好的地图中定位自己，减小误差。

下面较为详细地介绍Tango SDK中最核心的运动跟踪算法，它的核心是VIO，通过视觉以及惯性信息获得载体的空间6自由度位置和姿态。与单纯的视觉里程计不同，VIO可以获得载体运动以及环境的真实尺度，这可以更好地服务于对环境的感知。

VIO通过对空间中视觉特征以及惯性测量的观测融合来定位。图7-16左侧图像中绿色的

图7-16　VIO定位

Yes

点就是Tango提取的特征点，VIO融合两种传感器信息，解决尺度漂移的同时也估计了IMU的偏差。VIO算法大体可以分为两类：一种是基于滤波器的算法（主要是扩展卡尔曼滤波器EKF）；另一种是在一个滑动窗口中做光束法平差的优化方法。前者的效率较高，后者精度较高，但是需要更多的运算资源。Tango的VIO运行时只占用10%左右的CPU资源，结合运行时的一些输出，可以断定它使用了基于EKF的方法，并进行了很多优化工作。

Tango从发布伊始就可以看到它与几个传统VIO研究水平很高的实验室的合作。早期主要是明尼苏达大学（University of Minnesota，UMN）的MARS Lab，该实验室是著名VIO算法——MSCKF的诞生地。MSCKF算法2007年诞生，到2012 ～ 2014年又有大幅的进展。MARS实验室的看家技术MSCKF非常类似于Tango的运动追踪，在MARS实验室的YouTube频道上，有一个视频（图7-17）证实了Tango与MARS的关联。

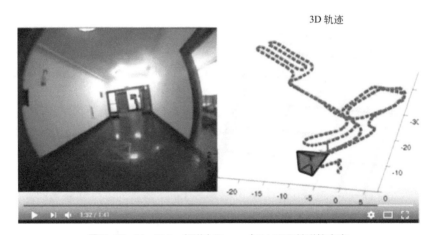

图7-17　YouTube频道上Tango与MARS关联的内容

另一个与Tango联系很多的是SLAM领域著名的苏黎世联邦理工学院（ETH Zurich）的ASL（autonomous systems lab），该实验室很多论文都可以看到Tango的身影，同时该实验室的若干博士生也陆续加入Tango团队。图7-18展示来自该实验室的论文《Get Out of My Lab：Large-scale，Real-Time Visual-Inertial Localization》中的一幅截图，非常贴合Tango的场景。

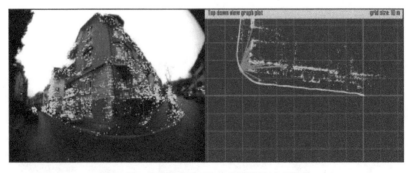

图7-18　来自ASL与Tango相关的论文截图

为了使VIO算法从实验室走到产品中，Tango做了大量的努力。比如多传感器的标定，Tango不仅需要标定各个传感器之间的相对位置关系，传感器之间的相对时间延迟也会标定出来。结合Tango在硬件上的时间同步的努力，使得Tango的VIO成为第一款正式用在面向普通用户的产品。然而需要指出的是，VIO算法想进一步从室内走到室外应用，依然有很多问题需要克服，如室外亮度对比大、场景深度大，相机需要更大的分辨率；室外温度变化大，对IMU影响较大等。图7-19为Tango在傍晚拍摄的一幅图片，地面亮度远低于天空。

图7-19　Tango在傍晚拍摄的图片

为了使Tango应用于AR、VR游戏以及机器人导航领域，帮助用户感知环境，Google在软、硬件上做了大量的努力和工作。它采用的算法更是第一次让普通消费者体验到了之前一直深藏在实验室中的VIO算法的力量和魅力。虽然Tango依然面临很多问题，但可以看出它某种程度上正在引领移动手机的潮流。

7.3　虚拟现实与增强现实的混合

AR、VR的融合出现了一种阶段性终极形态——混合现实（Mix Reality，MR）。MR技术是虚拟与现实世界无缝融合的技术，在保持对现实世界正常感知的基础之上，通过建立虚拟与现实世界之间的联系，再将人类感官延伸到虚拟世界。

7.3.1　MR特征

在介绍MR之前，先比较一下VR、AR和MR的差别：

① VR技术综合利用计算机图形系统和各种显示及控制等接口设备，在计算机上生成的、可交互的三维环境中提供沉浸感觉，完全剥离用户对真实世界的视觉画面，它创造的是一种如图7-20（a）所示的纯虚拟数字画面；

② AR通过电脑技术，将虚拟的信息应用到真实世界，真实的环境和虚拟的物体实时地叠加到同一个画面或空间同时存在，它创造的是一种如图7-20（b）所示的画面，保留一部

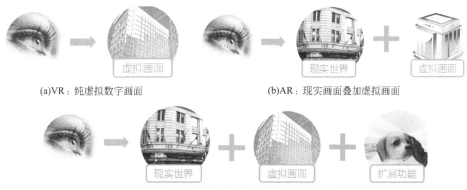

(a)VR：纯虚拟数字画面　　　　(b)AR：现实画面叠加虚拟画面

(c)MR：数字化现实加虚拟数字画面加扩展功能

图7-20　VR、AR和MR的对比

分的真实画面，并增强最终画面；

③ MR技术通过在虚拟环境中引入现实场景信息，在虚拟世界、现实世界和用户之间搭起一个交互反馈的信息回路，以增强用户体验的真实感，它创造的是如图7-20（c）所示的环境，涉及的内容包括虚拟环境的高效构建、现实环境空间结构的恢复、虚实环境的自然融合以及混合现实支撑软件平台等。

MR由现实与虚拟两部分构成，其中虚拟部分关心用户与虚拟世界的联结，因此涉及两方面的内容：虚拟世界的构建与呈现，以及人与虚拟世界的交互。由于呈现的虚拟世界是与人类感官直接联结的，因此，完美的虚拟世界的营造是通过建立与人类感官匹配的自然通道来实现的，通过真实感渲染呈现虚拟世界，营造音响效果，提供触觉、力觉等各种知觉感知和反馈，因此，用户与虚拟世界的交互必须要建立相同的知觉通道，通过对用户的自然行为分析，形成感知、理解、响应、呈现的环路，这是VR技术的核心内容。MR则省却了对复杂多变的现实世界进行实时模拟，因为对现实世界的模拟本身是非常困难的，取而代之的是需要建立虚拟世界与现实世界的联结并模拟两者的相互影响。然而，要使虚拟世界与现实世界融为一体，在技术上形成了诸多挑战，不仅要感知用户的主体行为，还需要感知一切现实世界中有关联的人、环境甚至事件语义，才能提供恰当的交互和反馈。然而，正是由于混合现实与现实世界的紧密联系，才使其具备强大且广泛的实用价值。

MR中所关注的虚拟世界可以有丰富的内容。从早期的VR世界的局部场景，与现实世界无缝融合，已经呈现许多匪夷所思的场景，典型的是电影《阿凡达》呈现的世界。然而，计算机的强大能力不仅在于对场景的营造能力，还在于对信息搜集、数据整理和分析呈现的能力。在信息爆炸的时代，信息容量和复杂度远远超过人类所能够掌控的范围，在宏观上把握信息的内涵，提供对数据蕴涵的语义分析，才有可能使人类理解数据。MR可以在数据分析的基础上建立用户与数据的联结，从而使得用户可以直接感知数据分析的结果，将人类感知延展到数据语义层面。

① 对虚拟世界的建模，一般包括模拟现实世界的模型或者人工设计的模型。对现实世界模型的模拟，即场景重建技术。

② 将观察者知觉与虚拟世界的空间注册，满足视觉沉浸感的呈现技术。

③ 提供与人类感知通道一致的交互技术，即感知和反馈技术。

AR技术在VR技术的基础上，还需要将现实世界与虚拟世界进行注册，并且感知真实世界发生的状况、动态，搜集真实世界的数据，进行数据分析和语义分析，并对其进行响应。因此，MR的虚实融合可分为3个层面：

① 虚实空间产生视觉上的交互影响，例如遮挡、光照、运动等；

② 虚实世界产生社会学意义上的交互融合，例如行人互相避让的行为；

③ 虚实世界产生智能上的交互融合。

目前，比较典型的MR技术产品是以Magic Leap公司自主研发的用光纤向视网膜直接投射整个数字光场所产生的Cinematic Reality（电影级的现实），图7-21是该公司推出的一个著名的案例。该技术产品可以让人

图7-21　鲸鱼飞跃体育馆的案例

眼自动对焦，虚实与现实生活高度一致。MR技术产品通常有3个主要特点：

① 虚实融合　即真实世界和虚拟物体在同一视觉空间中显示；

② 实时交互　即用户可与真实世界及虚拟物体进行实时的自然交互；

③ 三维注册　即虚拟物体与真实世界精确地对准。

MR技术由于涵盖了虚拟世界与现实世界，既需要VR技术的支持，也需要AR技术的支持。

7.3.2　MR中的交互系统与应用

每个MR系统的硬件设施包含虚拟场景生成器、HMD、作用于用户观察视线的头部调整设备、虚拟环境和真实环境所具有的定位装置及交互装置。虚拟环境的生成设备主要任务是虚拟环境的建模、管理、构建及其余硬件设施管理；头部姿态调整设备主要是跟踪用户的视线，从而保证消费者的视线观察坐标和虚拟环境坐标相互对应；交互设施主要是消费者的感官度及环境改变进行调控的指令输出输入端，上面所讲的几个功能和VR系统中的对应部分一致。

MR系统里的显示装置一般使用HMD。HMD又可分为如下两种类别：

① 透光式（Optical See-through）HMD　典型代表产品如HoloLens的HMD，用户在使用它时，能够看到现实环境，电脑只是把将要呈现的场景在整个显示设备上表现出来；

② 影像式（Video See-through）HMD　典型代表产品如微软的Holographic VR头显，用户使用它不能看到现实中的环境，HMD中的摄像头将现实中的环境采集之后，再与电脑中的虚拟影像相互结合之后呈现给用户。

随着MR应用的不断出现，对它们的认知成果也越来越多。比如，上述两种不同HMD设备在工作环境中的用户表现评估结果，表明用户在使用MR技术辅助装配和检查时几乎不存在困难；针对维修和制造业领域，在该场景中AR应用应当作为用户认知过程的辅助角色，能够在视觉检索、降低错误和促进行为上辅助用户的维修与制造操作；对积木应用中的注册匹配错误做了用户表现评估，发现在具有较小误差的情况下用户仍能够高效地完成物体放置任务；比较了没有注册错误、固定视角、头戴式实时显示、头戴式定时显示4种情况下的用户表现，发现没有注册错误情况下的用户表现最好，说明目前改进注册技术仍是提高用户表现最好的方法。归结起来，MR中重要的人为因素包括以下方面：

① 延迟　MR要求用户能够实时地与系统进行交互，系统延迟将直接影响交互效率和任务表现；

② 位置感知　深度错误、方位错误、遮蔽错误等注册技术上出现的错误，会影响用户对虚拟物体的位置判断，如果注册误差很大或者只能实现部分注册（固定视角或无法交互），则将降低用户体验和交互效率；

③ 真实感　虚拟物体的光线、纹理、材质等因素的真实感，会极大影响用户对虚实融合环境的认知能力，如果虚拟物体的显示效果非常不真实，也会降低用户体验和交互效率；

④ 疲劳　许多HMD容易造成用眼疲劳，不适合长期使用，手持式显示器的长时间使用也存在问题。

由于MR领域涉及的硬件设备差异很大，这些设计原则多数都高度依赖于指定的设备。传统的GUI设计原则不能在MR应用中直接使用，必须结合软硬件设备给出更为具体的指导原则。对于MR的图形显示，较高的帧速率和较快的响应时间是公认的关键原则。必须力求保持视觉和其他（如声音、触觉等）线索的一致性；应当尽量减小虚拟物体的扭曲变形、跟

虚拟现实基础与实战

踪系统的误差和用户视角参数的错误；力求实时地对虚实物体的遮蔽关系进行处理。

人机交互的各项技术在 MR 中广泛应用，出现了不同种类的交互应用。业界和研究者们对于实物交互、3D 交互应用、移动式交互应用和协作式交互应用尤为关注。就交互设备而言，HMD、手持显示器、透明显示器及手机、平板电脑等移动设备使用得最广泛。就用户界面形态而言，TUI（实物用户界面，tangible user interface）、3DUI、多通道用户界面和混合用户界面占主要地位。另外，由于触屏设备的大量普及，触控界面也作为一种基础交互方式普遍存在。下面将按照用户界面形态作为基本划分，对近年来具有代表性和创新性的 MR 交互系统及应用（表 7-4）做简单介绍。

表 7-4　近年来有代表性和创新性的 MR 交互系统及应用

名称	交互界面范式	关键交互技术	交互工具	特点
VOMAR	TUI	手势识别技术	HMD、实物	使用实物操纵虚拟物体
Studierstube	TUI	笔交互技术	笔与绘图板	支持多用户协作
Smarter Objects	触控用户界面	触控交互技术	平板电脑	增强物体交互能力
LBAH	触控用户界面	触控交互技术	手机	增强实物地图的交互能力
Mohr 等	3DUI	3D 交互技术 图像识别技术	PC 或平板电脑	将普通平面文件转换为 3D 可交互图形信息
User-Defined Gestures	3DUI	3D 交互技术 手势识别技术	HMD	使用多种不同手势操作 3D 物体
WUW	多通道用户界面	手势识别技术	头戴式投影仪	支持手势、上肢及实物多通道交互
Irawati 等	多通道用户界面	语音识别技术	HMD、实物	利用语音通道修正交互行为
SEAR	多通道用户界面 听觉用户界面	语音识别技术	HMD	语音与视觉的融合
Jeon 等	触觉界面	触觉反馈技术	触觉反馈笔	虚拟物体的触觉模拟
TeleAdvisor	图形用户界面	其他	PC	通过 2D 界面与 3D 空间交互
SpaceTop	3DUI	3D 交互技术 手势识别技术	透明屏幕、深度摄像机	直接用手与虚拟物体交互
HoloDesk	3DUI	3D 交互技术 物理仿真技术	透明屏幕、深度摄像机	手、实物、虚拟物体同时交互
Reilly 等	3DUI 混合用户界面	3D 交互技术	交互桌面、交互平板、PC、投影等	虚实融合的交互工作空间
Tangible bits	TUI 混合用户界面	光学、机械、磁场等多种传感技术	实物工具、环境媒体、交互平板	实现了现实世界与虚拟世界的高度融合
Augmented surfaces	TUI 混合用户界面	图像识别技术	交互桌面、PC、投影等	多种设备与实物之间的信息共享
cAR/PE!	3DUI	3D 交互技术	PC	虚实融合的交互工作空间

TUI 是 MR 应用中使用最多的一种交互范式，它支持用户直接使用现实世界中的物体与计算机进行交互。在虚实融合的场景中，现实世界中的物体和虚拟叠加的信息各自发挥着自己的长处，相互补足，使交互过程更加有趣和高效。TUI 的一个典型案例是 Kato 等的 VOMAR，如图 7-22（a）所示。该应用中，用户使用一个真实的物理的桨（physical paddle），选择和重新排列客厅中的家具，桨叶的运动直观地映射到基于手势的命令中，如"挖"一个对象从而选择它，或"敲击"一个对象使它消失。TUI 中物体的特点是它们既是实际可触摸的物体，又能完美地与虚拟信息匹配并供用户进行操纵，这样用户便能将抽象概

172

念与实体概念进行比较、组合或充分利用。Studierstube［图7-22（b）］利用TUI的这一特点实现了一个多用户信息可视化、展示和教育平台，其利用摄像机跟踪用户手中的笔和交互平板，使用户能够使用它们直接操控虚拟信息。每个用户都佩戴一个HMD，可以看到叠加在交互平板中的2D图表，并能使用各自的笔来操控和修改相应的3D模型。在MR技术的帮助下，不同用户眼中的模型得到了相应的视觉修正，使得虚拟内容自然真实，非常适合多用户协同工作。另一个在人机交互学术界久负盛名的TUI案例是Tangible bits，该工作实现了一个metaDESK［图7-22（c）］实物交互桌面。在metaDESK中，虚拟信息的浏览方式被现实世界物体增强了，用户不再使用窗口、菜单、图标等传统GUI，而是利用放大镜、标尺、小块等物体进行更自然的交互。

(a)VOMAR

(b)Studierstube

(c)metaDESK

图7-22　3个典型的TUI上的MR应用

　　3DUI在MR应用中大量地存在，并且它与其他界面范式、交互技术、交互工具深度融合，产生了形式多样的创新型应用。cAR/PE!和Reilly等的工作［图7-23（a）］利用MR技术实现了一个远程会议室，会议室的主体由3D模型构成，在虚拟会议室中叠加了实时视频流以及其他2D信息，便于交流，身处不同地点的用户们可以方便地通过这个系统进行面对面的会谈、信息展示和分享。在HoloDesk中［图7-23（b）］，研究者实现了一个用手直接与现实和虚拟的3D物体交互的系统，该工作的亮点在于它不借助任何标志物，就能实时地

(a)Reilly等

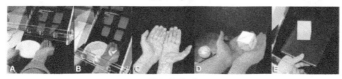

(b)HoloDesk

(c)SpaceTop

图7-23　3个典型的3DUI上的MR应用

在3D空间中建立虚实融合的物理模型，实现了任何生活中的刚体或软体与虚拟物体的高度融合，为MR中自然人机交互起到了重要的支撑作用。SpaceTop［图7-23（c）］将2D交互和3D交互融合到唯一的桌面工作空间中，利用3D交互和可视化技术，拓展了传统的桌面用户界面，实现了2D和3D操作的无缝结合。在SpaceTop中，用户可以在2D中输入、点击、绘画，并能轻松地操作2D元素，使其悬浮于3D空间中，进而在3D空间中更直观地控制和观察。该系统充分发挥了2D和3D空间中的优势，使交互更为高效。

多通道用户界面是近年来人机交互和MR研究的主要方向之一，它支持用户通过多种通道与计算机进行交互，适当地利用通道之间的增益效应和互补性能改善交互效果。WUW系统［图7-24（a）］很好地利用了这一点，它将虚拟信息投影在表面、墙壁和物理物体上，并允许用户通过手势、上肢动作和物体的直接操控等多种途径与之进行交互，不同交互通道相互补足，提高了交互效率。Irawati等［图7-24（b）］则很好地利用多通道交互技术，消除MR环境中的交互二义性，在与VOMAR类似的虚拟家居设计环境中，存在着较为严重的跟踪识别误差与交互二义性，而在原本交互通道的基础上，利用时间和语义融合技术，将语音交互通道对交互行为进行修正，能够很大程度上消除这种偏差，弥补了MR环境中交互不确定性较大的缺陷。此外，语音交互通道作为一种辅助交互通道，已经被大量地应用于MR环境当中。在SEAR中，一个融合视觉和听觉的多通道用户界面被用于管道维修应用当中，视觉通道提供管道维修MR示意图，听觉通道则根据视觉内容提供相应状态、操作方法等信息，提高了维修工人的工作效率。

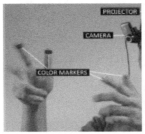

(a)WUW

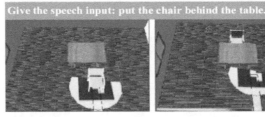

(b)Irawati

图7-24　两个家居设计应用

混合用户界面将不同但相互补足的用户界面进行组合，用户通过多种不同的交互设备进行交互。这种交互方式在多人协作交互场景中得到了成功的应用。Augmented surfaces［图7-25（a）］利用投影仪、PC、交互桌面、物理实体等多种交互设备和工具，构建了一个多用户协同工作平台，叠加在工作环境中的虚拟信息和不同设备的密切合作，使用户之间、设备之间的交流和信息共享更加高效，一个类似的近期成果是Reilly等的工作。前面提到过的Tangible bits也是混合用户界面的典型例子。除了已经提到的metaDESK，这项工作中还包括两个重要应用场景：ambientROOM［图7-25（b）］和transBOARD［图7-25（c）］，它们三者一起将日常生活中的各种实物、显示设备、绘图白板、有意或无意的用户行为都用在了MR交互当中。除了利用实物操作虚拟信息外，房间内的光影、声音、气流和水流也被用于提供交互线索，用户在普通绘图板上的写写画画，通过摄像机拍摄和识别便能将数字信息方便地分享和传输。混合用户界面能够利用不同交互通道和不同交互设备的优势，增强MR应用中的交互体验，是MR未来很重要的发展趋势。

(a)Augmented Surfaces   (b)ambientROOM   (c)transBOARD

图7-25　3个混合用户界面上的MR应用

由于近年来手机、平板电脑的广泛普及，以触控作为基础交互方式的MR应用大量存在。LBAH［图7-26（a）］利用智能手机实现了一个在纸质地图上的信息增强系统，纸质地图能够很好地使用户对地理位置的认知保持一致，而叠加的虚拟内容能够提供详细拓展信息，这使得其应用比一般的电子地图更容易使用。此外，这方面最新的成果之一［图7-26（b）］将触屏操控的传统GUI叠加在现实世界当中，拓展了物理实体的功能，使它们变得更加"聪明"，使用户能够通过平板电脑为上锁的门禁输入密码、开关电灯、调整收音机的音量等。

(a)LBAH   (b)Smarter Objects

图7-26　两个触屏用户界面上的MR应用

除了以上几种界面类型之外，还有许多利用了其他交互方法的MR应用。例如，TeleAdvisor在传统GUI上通过2D界面远程辅助现实世界中的装配过程。当然，MR里的用户界面之间存在大量交集，不同交互范式和交互技术相互融合，无法对它们进行严格划分，但从近年来各种交互技术在MR中的应用来看，多种交互通道融合、多种交互方式混合使用是未来的发展方向。随着人机交互技术界面范式的推陈出新，交互技术的不断发展，MR应用将更加成熟，用户的MR体验将更自然和高效。

第8章

虚拟现实的企业案例

8.1 某所项目案例

8.1.1 客户需求分析

　　某所北区涉及国防军工和航空工业标准化内容繁多，为便于领导便捷、直观地进行园区和相关业务介绍，体现业务领域的科技智能化，在北区一层建设展厅，利用VR和AR技术展示北区园区建设规划、业务数据流程以及各实验室的分布和实验内容（图8-1）。

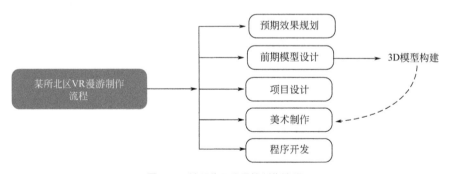

图8-1　某所北区项目的制作流程

8.1.2 案例设计

（1）预期效果规划

　　① 通过穿戴虚拟现实设备在园区漫游，展示园区建设内容；在楼层各实验室内漫游、设备交互，了解各业务相关试验介绍。

　　② 使参观者可以获得360°沉浸式体验，每个试验点均可交互，通过文字介绍、动画、特效展示无法看到或讲解的实验内容，通过快速跳转、瞬间移动等位移功能，能够快速跳转到需要演示讲解的内容区域。

（2）前期模型设计

在制作模型之前，通过现场实地、实物拍照、实验器材设备实际尺寸测量等大量前期工作，得到整个园区完整的建筑、设备数据，最大程度地三维还原园区环境、建筑、室内办公区域及实验环境。

（3）项目设计

① VR多人在线　为满足多人同时参观，且便于主讲人进行具体内容介绍，设计1主机N从机漫游模式，主机控制所有VR设备内参观路线的选择，各从机可独立在该路线模式下进行自由参观交互。

② VR室内交互漫游

a. 园区实验楼内部所有空间结构、各实验室办公区域以及试验区域的相关实验设备仪器等全部1∶1三维还原，参观者仿佛在真实的室内环境中漫游参观。

b. 建筑主体、楼层分布、各实验室位置进行逻辑串联，整体空间设计布局一目了然。

c. 各办公区域、实验设备仪器均进行虚拟空间内名称标识，使漫游介绍空间感更强。

d. 各实验模块均设计内容介绍和实验过程动效展示，真实环境中光、电、数据传输等无法看到的实验内容均视觉化呈现在眼前，通过参观者与虚拟环境进行交互，实验过程清晰可见。

③ VR园区交互漫游

a. 园区所有建筑体、配套设施、绿化等全部1∶1三维还原，参观者仿佛在真实的室外园区中进行参观游览。

b. 园区建筑体均在虚拟空间内名称标识，使漫游目标方向性更强，增加空间感。

c. 针对园区大范围漫游特点，设计自由行走和快速瞬移两种不同的移动方式，供参观者自由选择。

④ 移动端控制

a. 便于所领导与参观者讲解和交流，设计移动端进行最高权限VR漫游线路控制。

b. 移动端可自由切换室内、室外漫游模式，并在某一模式下自由选择需要漫游的位置，便于针对性地讲解。

⑤ AR数字沙盘　与园区实体沙盘结合，通过移动设备AR定位扫描，园区信息、动效等虚拟内容与对应的沙盘区域完美融合，并呈现在媒介大屏上，便于多人参观展示。

8.1.3　美术制作

逼真的3D模型才能较好地融入真实场景中，给人以真实感。因此，3D模型的设计是园区漫游设计中的重要组成部分。根据VR沉浸式设计中对内容的要求，应选择便于使用3D模型展现的内容，然后通过3D模型制作软件创建和转换。建模过程中要注意对模型的优化，在保障精度的前提下减少模型的面数和贴图文件的大小来降低文件大小，使实时渲染更流畅。此外，为增加模型和动画的感染力，该园区、实验室VR体验案例还要设计和制作动画、特效演示、文字详细介绍。

（1）准备工作

① 根据立项会议报告，确定制作内容，完成策划草案。

② 根据策划案确定制作周期和进度表。

③ 给出前期规划效果图。

④ 采集照片视频素材。

⑤ 搜集CAD相关图纸资料。

⑥ 制定本项目美术标准和规范：统一单位，统一命名，统一的模型贴图规范，统一验收标准。

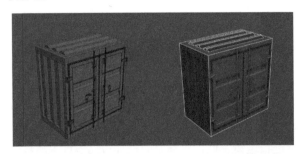

图8-2　烘培效果对比图：左边为高模，右边为低模烘培效果

图8-3　最终效果：左图以低模来展示高模细节，右图为UI展开后所绘制贴图

（2）分配美术组任务

① 3D模型：模型+贴图（烘培渲染）。

② UI美术。

③ 特效。

④ 动画。

⑤ 音乐音效。

（3）美术制作

① 3D模型构建　逼真的3D模型才能表现真实场景，因此模型制作细节和还原真实感是本项目的重要部分。模型优化=每个模型的点、线、面都能起到撑起结构的作用。

② 展示UV和烘焙（图8-2和图8-3）

③ 烘焙规范

a.物体

● 首先将物体反塌，即用一个新建BOX塌陷已制作完成的模型，清零已制作完成的模型信息。这一步骤可以清除许多在U3D里碰到的模型错误。

● 物体命名不能有中文名称，格式为：大区域（如北区、内部、外部）_位置_物体名称_物体编号，如：NB_sanceng_diban_01。

b.贴图

● 贴图不能有中文名称。

● 贴图尺寸为2的N次方。

c.材质　每个物体材质要分离，不能有关联的材质。材质命名必须和物体命名一致，方便后期到U3D里指认贴图。如果有多维子材质，可以在材质后面加数字（图8-4）。

d.灯光　室内一般使用Vray片灯，如有特殊需要（如投射灯等），可以根据实际情况打灯，片灯勾选不可见，去掉影响反射，细分32，参数如图8-5所示。

e.渲染面板

● 渲染面板注意事项：添加覆盖材质，覆盖

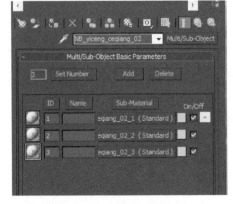

图8-4　材质后面加数字

材质为普通材质即可，它的作用是使烘焙出来的贴图只是黑白光影图，没有其他信息，方便U3D调节。

● 测试渲染时预设改为非常低即可，正式烘焙再改为高。

● 烘焙前一定要渲染测试检查灯光。

渲染面板最终参数如图8-6所示。

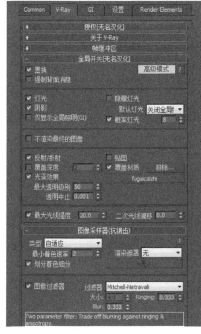

图8-5 参数　　　　　　　　图8-6 最终渲染面板参数

f.烘焙面板调节

● 烘焙之前应修改物体名字，物体命名如上面所示。

● 指定烘焙贴图路径。

● 点击Add...添加烘焙物体，选择Vray-完成贴图；删除Name后的名字，让贴图以物体命名。File Name and Type选择PNG，Target Map Slot为Diffuse Color。选择贴图尺寸的大小，勾选应用颜色贴图（图8-7）。

● 参数改为60/0.01，点击Unwrap Only分UV（图8-8）。

● 分完一个物体后选择其余的所有物体，点击Add...添加烘焙，重复以上步骤。先分一个物体再分其他所有物体的优点，是在选择图片格式的时候会默认第一个分的物体，第一次就选择所有的物体，没办法指定贴图格式。

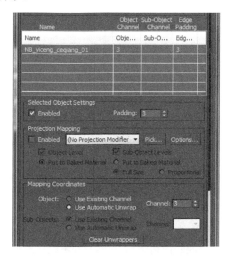

图8-7 选中一个物体，勾选Use Automatic
　　　Unwrap，Channel为3

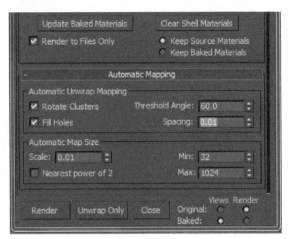

图8-8　完成贴图所需设置示例

● 分完UV后改为Use Existing Channel，通道为3，然后点击面板下方的Render烘焙。烘焙完之后选中所有物体清除壳材质，如果没有壳材质可以忽略（图8-9）。

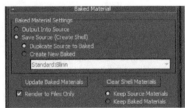

图8-9　Render烘焙及清除壳材质

8.1.4　程序开发

Unity是当前VR开发中采用最广泛的内容制作平台，选择与之兼容的HTC Vive SDK，可以为内容制作平台提供VR功能的支持。HTC Vive SDK是为系统工程师提供的开发工具和函数库，协助开发人员更高效地开发出VR应用程序，并可实现应用的跨平台发布。

（1）开发准备

① 引擎与VR技术的选择　Unity与VR技术结合开发，通过头显设备与计算机连接，将体验者置身于虚拟现实环境中的一种沉浸式体验技术。

Unity：xxxxxxxxxx介绍

HTC Vive：xxxxxxxxxx介绍

② 开发前准备　Unity引擎可到官方网站下载安装（Http：//unity3d.com/cn）。引擎分为免费版和付费版。付费版包含一些额外的扩展工具包和效果等（图8-10）。这里开发内容使用的是个人版。

SteamVR下载安装（https：//developer.viveport.com/cn/develop_portal/），官网注册成为开发者，下载最新版SDK。

图8-10　Unity引擎官方网站下载页面

（2）Viveport SDK与Unity整合

① 创建或导入内容到Unity　Viveport SDK是配合Unity引擎的，如果喜欢使用另一个游戏引擎来开发，需要把内容导入Unity使用SDK。

② 安装Viveport SDK到Unity　Viveport SDK提供了一个图书馆和Unity的例子在unitypackage格式。

● 启动Unity编辑器并选择资产>导入包>自定义包…（图8-11）。

● 浏览该文件夹，其中包含viveport_sdk_unity.unitypackage，选中它并单击Open。

● 确保复选框组件的"Plugins插件"和"Viveport"被勾选，然后点击输入（图8-12）。

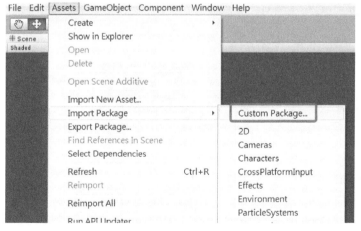

图8-11　Unity编辑器并选择资产>导入包>自定义包

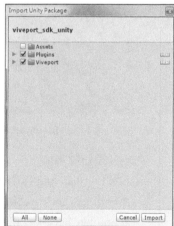

图8-12　复选框组件的"Plugins
插件"和"Viveport"被勾选

● SteamvrForUnity插件下载安装　在Github下载最新版插件（https：//github.com/ValveSoftware/steamvr_unity_plugin）（图8-13）。

● 点击 Clone or download▾ 下载到电脑。

图8-13 SteamvrForUnity插件下载安装界面

● 该插件主要封装了一些VR中常用的工具和一些必要的组件，可以大大帮助提高开发效率。

● 整合成功后，可以着手开发内容了。

（3）交互开发实现

① VR相机与Vive手柄 首先先将导入的SteamVR插件中的VR相机拖入场景中（图8-14）。

● Camera（head）：是VR相机，带上头显时所显示的内容都是该相机渲染的内容。

● Controller（left）：Vive控制器（左）。

● Controller（right）：Vive控制器（右）。

● [VRTK]：可以实现一些头显中所见手柄的效果。此时点击Unity运行，带上HTC头显，即可以看到画面了。

② 手柄与UI交互功能实现 选中创建的按钮（图8-15），添加BoxCollider组件，使其可以接收来自手柄射线的碰撞检测，如图8-16所示。

图8-14 将导入的Steam VR插件中的VR相机拖入场景中　　图8-15 在Hierarchy窗口创建一个UI按钮

控制UI按钮脚本如下：

```
protected virtual void OnTriggerEnter（Collider collider）{
    var colliderCheck = collider.GetComponentInParent<VRTK_PlayerObject>（）;
    var pointerCheck = collider.GetComponentInParent<VRTK_UIPointer>（）;
    if（pointerCheck && colliderCheck && colliderCheck.objectType == VRTK_ PlayerObject.ObjectTypes.Collider）{
        pointerCheck.collisionClick =（clickOnPointerCollision ? true：false）;
    }
}
```

③ 编译运行设置（图8-17和图8-18）

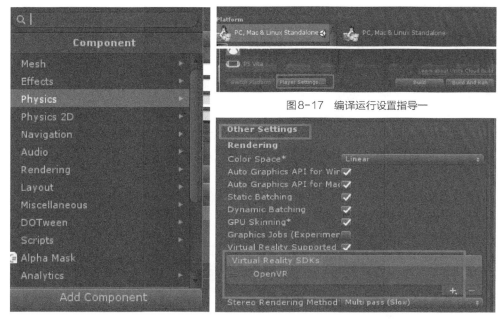

图8-17　编译运行设置指导一

图8-16　选中创建的UI按钮添
加BoxCollider组件

图8-18　编译运行设置指导二

- 点击Unity标签File → Build Setting... →选取PC，Mac & Linux Standalone平台。
- 点击Player Settings...。
- 在Inspector窗口选择Other Settings标签，勾选Virtual Reality SDKs。
- 点击+添加OpenVR SDK。

设置完成，就可以点击Unity的运行按钮 ▶，执行预览程序。

8.1.5　项目排期

- 2016年11月下旬项目启动并提供设计方案。
- 2016年12月～2017年1月北区展区空间结构搭建完成。
- 2017年2月展示内容大纲初稿完成并提交给北区。
- 2017年3月VR和HoloLens带交互功能演示DEMO完成。
- 2017年4月汇报项目进展，项目内容展示需求改变，暂停HoloLens后续开发，进行HTC Vive终端VR内容和Pad移动端开发。
- 2017年5月上旬一期室内漫游功能完成并演示汇报，增加需求，添加北区园区漫游和手机移动端操控功能，改变业务流内容展示形式。
- 2017年7月下旬完成新增需求，优化室内漫游功能。

8.1.6　安装测试

（1）硬件设备

HTC Vive头戴VR眼镜；PC工作台；Android手机。

（2）安装测试

① 安装　下载安装HTV Vive VR程序，进行房间设置；Unity导出exe程序文件，拷贝至PC工作台；导出APK文件传输至手机直接安装。

② 测试

● 在PC工作台上运行某所北区漫游exe程序，VR体验内容自动加载，体验者戴上VR眼镜体验即可。

● 体验者使用手柄选择主机体验，通过UI提示直接选择楼体进行室内漫游模式或选择园区漫游进行园区环境漫游，手柄点击设备UI名称，可实现该实验点详细介绍及实验原理动画演示。

● 手机选择园区漫游或室内漫游模式，通过点选观察点，VR眼镜内容跟随手机端控制而进入对应的沉浸式场景进行自主360°观看。

8.2　科技创新政策和创客人才的机遇

8.2.1　科技创新政策

（1）工信部、发改委将VR、AR纳入智能硬件产业创新发展专项行动

根据《"互联网+"人工智能三年行动实施方案》，工业和信息化部、国家发展和改革委员会（以下简称"发改委"）联合制定《智能硬件产业创新发展专项行动（2016—2018年）》。行动目标是，到2018年，我国智能硬件全球市场占有率超过30%，产业规模超过5000亿元；在低功耗轻量级系统设计、低功耗广域智能物联、虚拟现实、智能人机交互、高性能运动与姿态控制等关键技术环节取得明显突破，培育一批行业领军上市企业；在国际主流生态中的参与度、贡献度和影响力明显提升，海外专利占比超过10%。两部委指出，在虚拟现实/增强现实技术领域，发展面向虚拟现实产品的新型人机交互、新型显示器件、GPU、超高速数字接口和多轴低功耗传感器，面向增强现实的动态环境建模、实时3D图像生成、立体显示及传感技术创新，打造虚拟/增强现实应用系统平台与开发工具研发环境。

（2）文化部鼓励游戏游艺设备生产企业积极引入AR/VR技术

文化部下发《关于推动文化娱乐行业转型升级的意见》通知，明确要扩大文化消费，推动文化娱乐行业转型升级，促进行业健康有序发展。通知提到，鼓励生产企业开发新产品，鼓励游戏游艺设备生产企业积极引入体感、多维特效、虚拟现实、增强现实等先进技术，加快研发适应不同年龄层益智化、健身化、技能化和具有联网竞技功能的游戏游艺设备。鼓励高科技企业利用自身科研实力和技术优势，进入文化娱乐行业。

（3）住建部鼓励使用虚拟现实技术

为贯彻落实《中共中央国务院关于进一步加强城市规划建设管理工作的若干意见》及《国家信息化发展战略纲要》，进一步提升建筑业信息化水平，住房和城乡建设部组织编制了《2016—2020年建筑业信息化发展纲要》。纲要明确提到，要鼓励建筑行业使用BIM技术、虚拟现实技术和3D打印等先进技术，力图增强建筑业信息化发展能力，优化建筑业信息化发展环境，加快推动信息技术与建筑业发展的深度融合，充分发挥信息化的引领和支撑作用，塑造建筑业新业态。

（4）三部委联合发红头文件，鼓励进口虚拟现实等服务

2016年9月13日，商务部、发改委、财政部公告发布2016年第47号《鼓励进口服务目录》，虚拟现实被纳入其中。制定该目录，是根据《国务院关于同意开展服务贸易创新发展试点的批复》精神，落实"对试点地区进口国内急需的研发设计、节能环保和环境服务等给予财政贴息"政策。目录包括研发设计服务、节能环保服务、环境服务三大类，虚拟现实技术（VR）服务被列入第一大类。服务描述为："综合计算机图形技术、计算机仿真技术、传感器技术、显示技术等多种科学技术，在多维信息空间上创建虚拟信息环境的技术，可应用于医学、娱乐、培训和设计等各个方面。"

（5）国务院发文要求推动虚拟现实的产品化专利化标准化

2016年9月12日，国务院办公厅发布了《消费品标准和质量提升规划（2016—2020年）》。该规划指出，针对消费类电子产品网络化、创新化的发展特点，结合云计算、大数据、物联网等新一代信息技术，推动虚拟现实、人工智能、智能硬件、智慧家庭、物联网等创新技术产品化、专利化、标准化；加快高质量产品生产线及智能工厂建设，引导生产企业不断开发新技术、新产品、新应用。

（6）发改委要求尽快出台虚拟现实关键技术标准

2016年9月6日，国家发改委网站发布题为《加快推进供给侧结构性改革　着力增加消费需求有效供给》的调研报告。这份报告指出，要加快推进供给侧结构性改革，着力增加满足居民消费需求的有效供给；要加快制定新兴信息消费的标准体系，尽快出台可穿戴设备、虚拟现实等领域的关键技术标准，规范新兴行业发展。

（7）发改委将AR/VR技术纳入"互联网＋"建设专项

发改委发布《国家发展改革委办公厅关于请组织申报"互联网＋"领域创新能力建设专项的通知》。通知指出，为促进"互联网＋"产业快速发展，发改委决定组织实施"互联网＋"领域创新能力建设专项，并将AR/VR技术纳入专项建设内容。值得注意的是，在虚拟现实/增强现实技术及应用国家工程实验室部分，通知明确指出，针对我国虚拟现实/增强现实用户体验不佳等问题，建设虚拟现实/增强现实技术及应用创新平台，支持开展内容拍摄、数据建模、传感器、触觉反馈、新型显示、图像处理、环绕声、（超）高清晰度高处理性能终端、虚拟现实/增强现实测试等技术的研发和工程化，实现对行业公共服务水平的提升。发改委要求，相关主管部门应组织开展项目资金申请报告编制和申报工作，申报单位需具备虚拟现实/增强现实产品集成研发和产业化能力，并在体育直播、军事、教育等领域取得应用。

（8）国务院"十三五"科技创新规划：重点研发虚拟现实与增强现实

2016年8月8日，国务院在正式印发的《"十三五"国家科技创新规划》中指出，研发新一代互联网技术以及发展自然人机交互技术成首要目标，并且侧重点是智能感知与认知、虚实融合与自然交互。虚拟现实与增强现实方面，突破虚实融合渲染、真三维呈现、实时定位注册、适人性虚拟现实技术等一批关键技术，形成高性能真三维显示器、智能眼镜、动作捕捉和分析系统、个性化虚拟现实整套装置等具有自主知识产权的核心设备，基本形成虚拟现实与增强现实技术在显示、交互、内容、接口等方面的规范标准。在工业、医疗、文化、娱乐等行业实现专业化和大众化的示范应用，培育虚拟现实与增强现实产业。

8.2.2　创客人才的机遇

从科技企业对VR敞开怀抱，到现在房地产、教育、旅游、军事、娱乐等领域纷纷向VR抛出橄榄枝，VR已经不再局限于某个行业，多领域地遍地开花，已经成为当下热门的行业。图8-19展示了VR的搜索结果，可以说在用户的关注度上，VR已经超过了诸多热点。但是在当下，还没有出现哪个公司在技术和内容方面成为VR行业的统领者。

图8-19　VR的搜索结果

VR行业火爆的同时也暴露了不少的问题。目前VR行业只能说是入门的人很多，但鱼目混杂，真正有技术、有人才、有资金的企业还是少之又少，而且市面上不论是在硬件还是在内容方面都有不少的弊端。像硬件头盔，普遍还存在刷新率太慢、头盔厚重、分辨率太低等问题；高端头盔又对显卡配置要求高，低端头盔体验性差，满足不了需求。内容方面，研发主力集中在视频和游戏上，各个虚拟内容平台欠缺优质王牌应用。这些问题都需要解决，其实就是对于人才的需求。

人才的争夺战在国际已经暗流涌动，虽然很多公司还没有发布VR产品，甚至也没有宣布入局VR，但已经在抢人才了。

（1）中国VR产业仍在摸索阶段，亟需复合型专业人才

正在起步期的中国VR产业，单以绝对人数来看，并不缺乏VR从业者，但高质量、专业的VR人才储备不完善，当前很多VR人才都是为了业务发展需求而从企业其他部门抽调而来。同时，产业生态建设和产业链部分环节的缺失，成了限制产业发展的一大重要因素。

VR的核心技术主要涉及图形图像、输入算法、交互、光学等尖端领域，对于人才的要求近乎严苛。在这个复合度极高的领域里，能专攻某一领域的专业人才本身就很少，能综合性地扎根VR就更加凤毛麟角。当前VR开发人员大多是从游戏、动漫、3D仿真、模型等行业转型而来，因此，由于行业技术间的差异性，人才很难快速融入VR领域。

（2）中国VR产业生态系统缺失，导致销售人员占比高

中国的VR产业迅速爆发，在短期内资本大量注入，商业展示、线下体验店等多种形式的商业化进程遍地开花，但另一方面又缺乏足够成熟的产业生态体系支持长期发展。众多的VR线下体验店基本主打单一内容体验，盈利来源于消费者对于VR的好奇心。但单一化的内容体验能够持续多久，或许是商家最难预判的难题。因此，商家更需要的是内容提供商在内容差异化上做出更多创新，才能让其商业模式得到可持续发展。

如图8-20所示，从工作职能上分析，销售高居中国VR工作职能第二位，在全球VR人才职能分布中独具特色。从中也可以看出，由于中国市场在VR商业类展示及情景体验等方面初步展现商机，使得一些企业在VR应用软件和内容缺乏，甚至硬件功能尚不完善的情况下，可以依靠销售来迅速拓展眼前的商业机会。

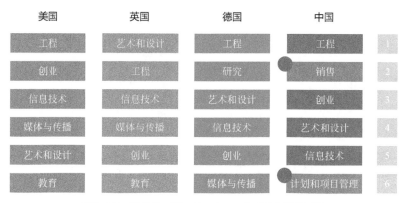

图8-20　当前美、英、德、中VR人才工作职能对比

（3）中国VR人才需求量全球第二，爆发式发展的同时泡沫激增

从图8-21所示的当前在领英平台上发布的VR职位需求量来看，美国独占近半，中国则约占18%紧随其后。国内很多大型IT企业向VR人才抛出了高薪的橄榄枝。但由于与国外先进技术的差距等核心因素，企业依然难觅专业的、复合型VR人才，取而代之的是从其他软硬件开发部门借调人员，临时跟风拼凑起VR业务部门。

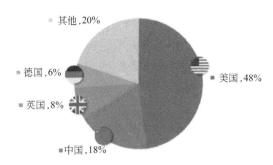

图8-21　当前领英平台上的全球VR相关职位需求比例

另一方面，更多具备VR相关资源的人士，选择自己登上VR舞台，通过与国外院校的华裔教授或校友合作，他们将某一先进技术引进，单枪匹马地撬动国内产业。但产业链的割裂局面，让一些厂商只专注于做硬件，另一些只聚焦于内容，缺乏协同的产业生态环境。

高质量VR人才的匮乏成为中国VR产业发展的核心症结，可以预见的是，在未来的竞争中，得人才者得天下，VR人才的培养和争夺将是VR产业发展的重中之重。

附录

全国主要虚拟现实行业组织介绍

随着VR市场的火爆，参与VR的企业、机构也越来越多。下面按照行业协会与研究机构介绍一些VR行业组织。

1. 行业组织

（1）中国虚拟现实产业联盟（IVRA）

2016年3月30日，在工信部等国家部委支持下，在中国3D产业联盟虚拟现实专业委员会基础上，联合虚拟现实领域政、产、学、研、用、检等150余家骨干企业机构，共同发起成立"中国虚拟现实产业联盟（IVRA）"，并于4月9日，在工信部主办的CITE2016上举行了揭牌仪式，标志着中国虚拟现实行业首个NGO组织正式成立，其组织架构如下图所示。

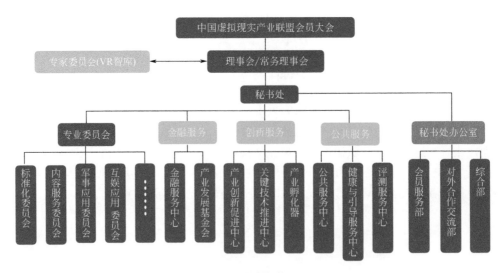

IVRA组织架构

IVRA将从9个方面开展工作，包括建立健全虚拟现实标准体系、制定虚拟现实产业发展指导意见、推介虚拟现实产业基地、推荐行业应用试点示范项目、设立虚拟现实产业投资基金、推进虚拟现实领域相关人才培养培训、举办虚拟现实产业国际论坛和博览会、发布虚拟现实产业发展报告、举办虚拟现实领域全球开发者大会等。

IVRA的使命在于为整个虚拟现实产业发挥引领协调作用，提供综合优质服务，解决共性基础问题，提供配套发展保障。虚拟现实产业联盟（IVRA）期许未来能完全地融入到虚拟现实产业发展进程中，发挥引领协调作用，努力成为虚拟现实产业生态的建构者、技术创新的集散地、行业应用的推进器、产融结合的黏合剂，并在推动产业创新和我国未来经济社会创新发展方面做出更大的贡献。

（2）全球虚拟现实协会

全球虚拟实境协会（Global Virtual Reality Association，GVRA）是由全球知名的重量级企业携手合作创办，包括Google、Facebook旗下的Oculus、台湾的HTC Vive、宏碁星风、索尼互动娱乐和三星共6家公司。它的目标在于推动全球理性开发和采用虚拟现实技术。协会成员将开发和分享最佳实践、开展研究以及将国际虚拟现实界凝聚在一起。该团体还将成为对虚拟现实感兴趣的消费者、政策制定者以及行业的资源。

（3）中国电子商务协会虚拟现实行业委员会

2016年9月6日，由中国电子商务协会、中国数字产城联盟主办，中国电子商务协会虚拟现实专业委员会（ECVR）、启迪数字天下（北京）科技文化有限公司、VR网承办的中国虚拟现实应用者大会暨中国电子商务协会虚拟现实专业委员会成立大会在北京圆满举行。

电子商务协会虚拟现实专业委员会由中国电子商务协会发起，由清华大学、北京邮电大学、启迪控股集团等多家知名机构共同参与组建，致力于全方面服务、推动和促进虚拟现实产业发展。该协会坚持高科技、泛应用的创新理念，广泛联合各类优秀行业企业，资源整合，以开放的姿态建立分享制度，打造虚拟现实行业的智慧平台，立志成为推进我国虚拟现实行业创新与健康发展的中坚力量。

（4）电商VR/AR产业联盟

2016年9月6日，京东在其总部正式发布了VR/AR战略，发起成立电商AR/VR产业推进联盟，并正式上线了VR.jd.com，成立VR社区。京东的VR/AR产业联盟联合了英特尔、HTC、英伟达、暴风魔镜等30多家VR/AR上下游企业，涵盖了完整的VR/AR生态，通过品牌、营销、运营、金融等方式，整合行业资源，为VR/AR企业提供全面支持。

（5）中国VR/AR娱乐产业联盟

2016年上半年，由汉威文化、微软、索尼、三星、NVIDIA、EPIC、盛大集团、暴风魔镜、乐视虚拟现实、米粒影业等十余家国际知名VR/AR娱乐企业共同发起组建的中国VR/AR娱乐产业联盟（简称VREIA）在北京宣布成立。该联盟成立的目的，在于创造一个全方位信息共享、各环节直接交流VR/AR的公益性服务机构，为VR/AR娱乐企业提供前瞻性的政策分析、专业性的技术交流、可持续的商业对接，推动会员企业通力合作，凝聚产业能量，引导VR/AR娱乐产业营造健康、有序的行业环境，以次时代高新技术推动中国乃至全球娱乐产业的新发展。

（6）深圳市虚拟现实产业联合会

深圳市虚拟现实产业联合会成立于2008年，前身是深圳近距无线技术应用协会。2016年4月10日第三届会员代表大会上，协会更名为深圳市虚拟现实产业联合会，成为一家专业从事VR相关领域的综合型服务机构，现有会员约130家，携手华丰世纪集团共同发起创办国家级众创空间——智客空间。联合会由从事VR技术研发、应用、产品制造的企业、科研机构和高校组成，注册地选择在中国制造行业发达的深圳宝安。

作为一家专业性、行业性、非营利性的社会组织，深圳市虚拟现实行业协会一直在为VR产业的发展壮大做着不懈努力。为了更好地起到沟通桥梁、窗口展示、对接社会各界资源的作用，深圳市虚拟现实行业协会发起一项活动，即共同筹资打造集VR互动体验基地、VR产品展览中心、VR创客孵化空间、VR路演展播厅为一体的超1000m²专业虚拟现实行业协会基地，并设立3R学院，建立VR/AR/MR专业人才培训机构，同时通过搭建创客孵化基地平台等措施，打造一套全方位立体的行业健康可持续发展的服务体系，支持VR、AR、MR相关企业的发展。

联合会致力于打造中国VR产业权威数据发布平台，推动虚拟现实与人工智能生态系统的建立，树立中国VR产业在全球的战略核心地位，以促进VR技术多领域应用，推进VR产业健康良性发展，推动VR行业国际化新标准的建立、加强中国VR产业的品牌化建设，构建全球化VR学术交流中心。

2.研究机构

在研究方面，国内许多大学、研究所投入了大量的人力、物力，研究VR相关的技术、应用等。

（1）北京航空航天大学虚拟现实新技术国家重点实验室

虚拟现实技术与系统国家重点实验室依托北京航空航天大学计算机科学与技术、控制科学与工程、机械工程和生物医学工程4个一级学科，于2007年批准建设，通过不同学科方向的合作、交叉，开展虚拟现实领域的基础研究、应用基础研究和战略高技术研究，进行原始创新和集成创新。实验室的主要研究方向是：虚拟现实中的建模理论与方法、增强现实与人机交互机制、分布式虚拟现实方法与技术、虚拟现实的平台工具与系统，在上述方向设立实验室开放研究基金。实验室是中国计算机学会虚拟现实与可视化专业委员会和中国系统仿真学会虚拟技术及应用专业委员会挂靠单位。

北航虚拟现实实验室下设5个研究室：虚拟环境研究室、虚拟仿真研究室、虚拟设计研究室、人机交互研究室、基础理论研究室，承担国家"973"计划、国家"863"计划、国家自然科学基金、国防科技计划等各类国家科研项目。

（2）北京师范大学虚拟现实与可视化技术研究所

北京师范大学虚拟现实与可视化技术研究所，成立于2005年，主要研究方向为虚拟现实理论和可视化技术，在文化遗产数字化保护（V-Heritage）、三维医学与模型检索（V-Medical）、数字化虚拟学习（V-Learning）3个方面的领域应用研究中，取得了一系列具有国际、国内先进水平，又有广阔市场前景的科研成果，并致力于将这些成果推广应用，创造了一定的社会效益和经济效益。

虚拟现实与可视化技术研究所在文化遗产数字化保护与虚拟现实领域，形成了独具特色的新型研究方向，取得了一系列的研究成果。

（3）北京理工大学信息与电子学部（增强现实及三维显示方向）

北京理工大学光电学院在光学系统设计和CAD领域处于国内领先地位，成功地研制了资源卫星中继光学系统、飞行仿真头位跟踪球幕视景系统、高速动态物质状态测量光学系统等大型、军用、复杂光学系统。目前正在系统地开展对自由曲面光学设计、加工、检测技术的研究。课题组依托光电成像技术与系统教育部重点实验室（筹），得到教育部"211"、"985"工程建设项目的连续支持，拥有CODEV和LightTools光学工程软件、系列光学干涉仪。

近年来，在国家杰出青年基金项目、国家自然科学基金仪器专项、国家863项目、国防预研项目、教育部长江学者和创新团队发展计划项目、北京市科技计划项目和广东省省部产学研重大专项的支持下，其在头盔式立体显示技术、裸眼立体显示技术、真三维显示技术以及应用方面，开展了卓有成效的研究。

（4）浙江大学计算机辅助设计与图形学国家重点实验室

计算机辅助设计与图形学是多学科交叉的高技术研究领域，该实验室主要从事计算机辅助设计、计算机图形学的基础理论、算法及相关应用研究。实验室的基本定位是：紧密跟踪国际学术前沿，大力开展原始性创新研究及应用集成开发研究，使实验室成为具有国际影响的计算机辅助设计与图形学的研究基地、高层次人才培养的基地、学术交流的基地和高技术的辐射基地。

实验室依托浙江大学计算机、数学、机械等学科，作为项目负责单位先后承担了一批国家级科重大科研项目和国际合作项目，在计算机辅助设计与图形学的基础研究和系统集成等方面取得了一批重要成果，其中多项成果获国家奖励。实验室积极推进国际合作，与美国、德国、英国、法国、日本等国外相关研究机构展开了广泛的学术合作和交流，产生了较大的国际学术影响。

（5）中国航空综合技术研究所虚拟现实技术研发与应用中心

中国航空综合技术研究所虚拟现实技术研发与应用中心成立于2016年，其前身为华航文化传播（北京）有限责任公司组建于2010年的虚拟现实技术应用研究团队。该中心依托于航空领域唯一从事环境与可靠性基础研究、应用基础研究、应用研究和关键技术攻关的航空科技重点实验室背景，致力于虚拟仿真技术、实时渲染技术、数据技术、视觉传达等技术与工业文化、工业物联网虚拟可视化、工业设计、航空飞行虚拟仿真、导弹虚拟仿真、航天空间站太空对接姿态模拟实验、航空故障机理模拟与培训、航空发动机寿命智能预警与可视化、航空领域可靠性仿真试验模拟等方面的结合和配套应用探索研究，用虚拟现实技术为国家军工武器科研和军队保障提供专业配套服务。

（6）光和空间

光和空间是一家专注于VR+AI技术，深度整合软硬件，致力于提供人工智能VR场景教学与培训的公司。光和空间制作的VR+AI的英语培训课程体系已被多所一线城市重点小学列为创新课程教学。同时公司通过核心技术，帮助自身及合作伙伴获得多项发明专利和实用新型专利。公司核心技术有图像识别、语音识别、语义识别、深度学习、快速建模、快速渲染、多人互动、手势识别等。

参考文献

[1] 何伟. Unity 虚拟现实开发圣典 [M]. 北京：中国铁道出版社，2016.

[2] Unity Technologes. Unity 官方案例讲解 [M]. 北京：中国铁道出版社，2015.

[3] Unity Technologes. Unity5. x 从入门到精通 [M]. 北京：中国铁道出版社，2015.

[4] 张克发. AR 与 VR 开发实战 [M]. 北京：机械工业出版社，2016.

[5] 刘光然. 虚拟现实技术 [M]. 北京：清华大学出版社，2011.

[6] 张茂军. 虚拟现实系统 [M]. 北京：科学出版社，2002.

[7] 王成为，高文. 灵境（虚拟现实）技术的理论、实现及应用 [M]. 北京：清华大学出版社，2004.

[8] 汤一平. 物联网感知技术与应用——智能全景视频感知 [M]. 北京：电子工业出版社，2013.

[9] 张锐，刘晓红. 中国"VR+影视"产业发展报告 [M]. 北京：科学出版社，2017.

[10] 睢丹，葛春雷. Photoshop CC 2015 标准教程 [M]. 北京：清华大学出版社，2017.

[11] 刘向群，郭雪峰，钟威等. VR/AR/MR 开发实战：基于 Unity 与 UE4 引擎 [M]. 北京：机械工业出版社，2017.

[12] 陶丽，郑国栋等. 3ds Max 2016 中文版标准教程 [M]. 北京：清华大学出版社，2017.

[13] Bodo Rosenhahn，Reinhard Klette，Dimitris Metaxas. Human Motion：Understanding，Modelling，Capture，and Animation[M]. Springer；Softcover reprint of hardcover 1st ed. 2008.

[14] Stephen Baxter. Phase Space[M]. Harper Collins Publishers，2015.

[15] 李红萍. Premiere Pro CC 完全实战技术手册 [M]. 北京：清华大学出版社，2015.

[16] 张善立，施芬. 虚拟现实概论 [M]. 北京：北京理工大学出版社，2017.

[17] 娄岩. 虚拟现实与增强现实技术概述 [M]. 北京：清华大学出版社，2016.

[18] 刘向群，郭雪峰，钟威. VR/AR/MR 开发实战：基于 Unity 与 UE4 引擎 [M]. 北京：机械工业出版社，2017.